U0856843

# 怕，就会输一辈子

博文／编著

**图书在版编目（CIP）数据**

怕，就会输一辈子 / 博文编著 . -- 长春 : 吉林文史出版社，2018.11（2019.8重印）

ISBN 978-7-5472-5771-5

Ⅰ. ①怕… Ⅱ. ①博… Ⅲ. ①成功心理－通俗读物 Ⅳ. ①B848.4-49

中国版本图书馆 CIP 数据核字（2018）第 263823 号

怕，就会输一辈子

出 版 人　孙建军

编　　著　博　文

责任编辑　弭　兰　曲　捷

封面设计　韩立强

图片提供　摄图网

出版发行　吉林文史出版社有限责任公司

地　　址　长春市人民大街4646号

网　　址　www.jlws.com.cn

印　　刷　天津海德伟业印务有限公司

开　　本　880mm × 1230mm　1/32

印　　张　6

字　　数　150千

版　　次　2018年11月第1版　2019年8月第2次印刷

定　　价　32.00元

书　　号　978-7-5472-5771-5

# 前言

PREFACE

很多人都渴望成功，但是却不敢追求成功。原因并不是他们的能力不够，而是他们自己认为自己的能力不够，并形成这样的心理暗示：我是不可能成功的，我真的没办法做到。他们给自己限定了成功的“高度”。要知道，这种消极的心理暗示只会阻挡你前行的脚步，磨灭你的斗志，让你放弃自己的理想。因此，任何时候都不要给自我设限，只有打破心理限制，你才能有所超越。

只有内心勇敢，才能推开属于你的那扇虚掩着的潜能之门，才能最大限度地挖掘你内在的潜能。很多时候，困难和阻力其实并不可怕，可怕的是它们都被我们人为地在心里放大。事实上，梦想、爱情、事业、成功……这些美好往往受制于你自己，它们匍匐在脆弱和困惑的脚下，正期待着你从迷茫中醒来。而你现在所做的一点小小的改变，都有可能影响未来！

人的一生不可回头，怕，就会输一辈子。自卑怯懦，害怕失去，不好意思……除了会让你丧失拓展未来的勇气外，还会将你一点点地逼到幽暗的角落，使你成为一个浑浑噩噩的盲目度日者。其实，很多事情不是做不到，很多人只是害怕和不自信。它们总是害怕自己不够好，害怕自己能力不够，害怕现在去改变已经太晚了。所以，面对困难和问题时，他们总是第一时间想着退缩和被保护。有些人羞于表现自己，即便能力得到了肯定，也不愿意冒险去打破“常规”，让自己走得更高、更远。对于风险和机会，他们持保守态度；对于职场竞争，他们难以适应，有时甚至宁可把升职、加薪的机会让给别人，也要坚持维持现状。所以这类人无法出人头地，无法取得成功，不是因为别的，而是因为害怕改变而彻底输掉了人生。

正如美国著名心理学家查尔斯·哈奈所说：“常被不自信奴役者之所以难成大器，是因为他们在做任何尝试之前已经在心里预言了自己的失败，他们无论如何也不肯相信自己具有成功的潜质,而是一再地为可能遭遇的失败做最坏的准备。如果失败如期而至，他们会更加肯定自己判断的正确性，殊不知失败是他们自己一手促成的。”

人生想要改变，就要勇敢。人的一生非常短暂，短暂到有时来不及回首就已暮年。要想在有限的时间里实现自己的理想，就必须革除恐惧感。因为恐惧能使人丧失抵抗力，让人退缩不前。面对难题，敢于挑战的人与低头避让的人所面对的结局是大相径庭的。人生这个重担，无论是快乐承担，还是痛苦接受，都需要用力扛起。无论什么时候都不要惧怕痛苦和磨炼，这只是马上将要成功的预兆。无论多苦，只要坚持住，你就有成功的机会，如果让恐惧感控制了自己，那么真的就会输掉一辈子。勇于尝试，勇于突破，勇于挑战，人生才会豁然开朗。

本书通过不同人士成功的经验、教训，告诉正在拼搏的你：只有不屈服于命运，克服恐惧，敢于拼搏，你才有机会获得更大的成功，你才能过上你想要的生活。本书能给你强大的精神力量，它能让曾经畏首畏尾的你找回丢失已久的勇气；它能让正在迷茫的你振作精神，去追逐成功的快乐；它能让踌躇不前的你放下包袱，果断前行；它能让际遇不佳的你重拾信心，获得梦想实现的快乐。

# 目录

CONTENTS

## 第一章 悲剧不在于开始后被别人淘汰，而在于开始前被自己淘汰

不把自己的幸福寄托在别人身上 / 2

对自己的标准有多高，日子过得就有多好 / 5

用所有的热情，去拯救自己的人生 / 7

可以平凡，不能平庸 / 10

勇气在哪里，生命就在哪里 / 13

再等下去，你就变成化石了 / 15

“敢做”有时比会做更重要 / 17

没有奋斗的青春，你拿什么致敬 / 19

等待永远是美好的最大敌人 / 21

## 第二章 别让心中的不敢，成为将来的遗憾

想要梦想成真，首先学会不做梦 / 24

起点影响结果，但不会决定结果 / 27

有披荆斩棘的勇气，失败就不会是定局 / 30
你可以不成功，但不能不成长 / 33
要让自己的尊严有分量，你要学会先积蓄硬实力 / 37
人生不设限，才能有所超越 / 40
活得漂亮的人，才能得到命运的偏爱 / 43
成功，源自你对生活的态度 / 45

第三章 做自己的英雄，让人生拥有一切可能

不要轻易动摇，别把未来轻易输掉 / 50
我们真正恐惧的其实只是恐惧本身 / 52
懦夫向命运低头，强者则向命运挑战 / 54
最该肯定你的不是别人，而是自己 / 57
有一种失败，叫输给了自己 / 60
心不跛，就会走出平坦路 / 62
宁可败给别人，也不能输给自己 / 64
把所追求的，变成所拥有的 / 66
出身好是优势，活得好靠本事 / 68

第四章 勇气面前，成功从不是一种高攀

所有的不可能，都因为你不敢做或不去做 / 72
心中有了方向，才不会一路跌跌撞撞 / 74

目标给你的能量，超出你想象的限量 / 77
你行动的轨迹，决定你进阶的层级 / 81
决定你上限的不是能力，而是格局 / 83
改变自己很辛苦，不改变却会活得辛苦 / 85
走对的路，未来才不会盲目 / 88
即使是不成熟的尝试，也胜于胎死腹中的空想 / 91

第五章 预测未来的最佳方法，就是创造未来

人生最后的赢家，都是把握机会的行动者 / 96
只要开始行动，就是为时未晚 / 98
坐而言不如起而行 / 100
做个有变现能力的理想主义者 / 102
脚踏实地，又仰望星空 / 104
现实中的风险往往正是实现梦想的转机 / 106
不做只想，世界还和原来一样 / 110
竞争时代，快一步胜人一筹 / 113
方向不对，所有的努力都是“自我安慰” / 116

第六章 梦想变现的时间，取决于你迎接它的姿态

发牌的是上帝，出牌的是自己 / 122
牌不在于好坏，而在于你想不想赢 / 124

不能改变手中的牌，就改变出牌的方式 / 126
晒晒自己的优点，越臭的牌局越需要掌声 / 129
最大的破产是绝望，最大的资产是希望 / 132
不怕输是你的资本，不放弃是你的底气 / 134
自己想要什么，就去努力得到什么 / 136

第七章 从来没有一条坦途，是通往梦想的路

用最坚硬的姿态去对抗命运的戏谑 / 140
冬天总会过去，春天迟早会来临 / 142
熬过最难熬的日子，便是阳光满地 / 145
历练太少，就会被挫折绊倒 / 146
知耻而后勇，丢脸是你最好的磨炼 / 149
生活对你的每一次刁难，都是善意的提醒 / 151
磨砺到了，幸福也就到了 / 154

第八章 因为你只有一辈子，所以要活成自己的样子

习惯自我淘汰，别让心满意足毁了你 / 158
人生并非由上帝定局，你也能改写 / 161
依赖别人，不如期待自己 / 164
被逼到极限，爆发的潜能无限 / 166
就算上帝开错了窗，也别停止打开一扇门的勇气 / 169

挑战极限，和“不可能”过招 / 172

只有经过生命的锤炼才有味道 / 174

成功没有霸王条款，勇于挑战就能跨越起点 / 176

第一章

# 悲剧不在于开始后被别人淘汰，而在于开始前被自己淘汰

## 不把自己的幸福寄托在别人身上

有人在屋檐下躲雨，看见观音菩萨正撑伞走过。这人说：“观音菩萨，普度一下众生吧，带我一段如何？”观音菩萨说：“我在雨里，你在檐下，而檐下无雨，你不需要我度。”这人立刻跳出檐下，站在雨中：“现在我也在雨中了，该度我了吧？”观音菩萨说：“你在雨中，我也在雨中，我不被淋，因为有伞；你被雨淋，因为无伞。所以不是我度自己，而是伞度我。你要想度，不必找我，请自己找伞去！”说完便走了。第二天，这人遇到了难事，便去寺庙里求观音菩萨。走进庙里，才发现观音菩萨的像前也有一个人在拜，那个人长得和观音菩萨一模一样，丝毫不差。这人问：“你是观音菩萨吗？”那人答道：“我是。”这人又问：“那你为何还拜自己？”观音菩萨笑道：“我也遇到了难事，但我知道，求人不如求己。”

有些人一遇到事，首先想到的是求人帮忙；有些人不管是有事还是没事，总喜欢跟在别人身后，以为别人能解决他的一切疑难，在他们的心里，始终渴望着一根随时可以依靠的拐杖。但实际上，在绝大多数时候，自己才是最可靠的。把自己的幸福寄予在别的灵魂之上是很难获得安全感的。并不是每个人都能像凌霄花那样攀缘高枝炫耀自己，因为这个世界上没有那么多供你依靠的大树。即使有，也是不可靠的，如果大树倒了，你该怎么办？清代画家郑板桥老年得子，在他临死前让儿子自己去做馒头，并留给儿子这样的遗言：“淌自己的汗，吃自己的饭，自己的事自己干。靠天靠人靠祖宗，不算是好汉。”靠自己，用自己勤劳的双手与聪明的大脑才是获得永久幸福的保障。

美国石油大亨老洛克菲勒曾张开怀抱鼓励自己的孩子从桌子上跳下来，可当孩子跳下来的时候老洛克菲勒并没有去接住孩子，而是让孩子记住：“凡事要靠自己，不要指望别人，有时连爸爸也是靠不住的！”在工作中，很多人总是倾向于去依赖别人的帮助，把自己的全部工作量往其他同事身上压，结果不但变成了其他同事避而远之的拖油瓶，自己也无法在工作中得到实际的锻炼。当离开其他同事的帮助时就像失去了骨架的软体动物一样什么事情也做不好。再或者是太相信别人，把所有的希望都寄托在别人身上，最后被敌方往背后戳一小刀毙命。就像《国际歌》中所唱的那样：“从来就没有什么救世主，也不靠神仙皇帝，要创造人类幸福，只有依靠人类自己。”自己才是最可靠的，自己的生活是把握在自己手中的，是需要自己去创造的。内因才是根本，当我们在工作中遇到困难的时候，我们不拒绝外界的帮助，但是最主要的还是要依靠自己。摆脱对别人的依赖心理，靠自己创造自己的幸福，应该从以下几个方面着手：

（1）制定一份“自我独立宣言”，树立独立的人格，培养自主的行为习惯。用坚强的意志约束自己，有意识地摆脱对他人的依赖，同时自己要开动脑筋，把要做的事的得失利弊考虑清楚，心里就有了处理事情的主心骨，也就敢于独立处理事情了。

（2）树立人生的使命感和责任感。一些没有使命感和责任感的人，生活懒散，消极被动，常常跌入依赖的泥坑。而具有使命感和责任感的人，都有一种实现抱负的雄心壮志。他们对自己要求严格，做事认真，不敷衍了事、马虎草率，具有一种主人翁精神。这种精神是与依赖心理相悖的。选择了这种精神，你就选择了自我的主体意识，就会因依赖他人而感到羞耻。

（3）当你充满信心去实践自己的主张时，不要太依赖外界的帮助。当你遇到困难时，不要轻易向别人求援或接受他人的帮助。

（4）消除身上的惰性。依赖心理产生的源泉，在于人的惰性。要消除依赖心理，首先要消除身上的惰性。要消除惰性，就得锻炼自己的意志。处理事情的时候，要果敢向前，说做就做，该出手时就出手；还得有灵活的头脑，要善于思考，勤于思考。

## 对自己的标准有多高，日子过得就有多好

一个诗人听说一个年轻人想跳桥自杀，而他手里拿着的是诗人的诗集《命运扼住了我的喉咙》。诗人听说后，拿了另一本诗集，赶紧冲到桥上。诗人来到桥上，走到年轻人面前。年轻人见有人上前，便做出欲跳的姿态说道："你不要过来！你不用劝我，我是不会下来的，命运对我太不公平了。"诗人冷冷地说："我不是来劝你的，我是来取回我那本诗集的。"年轻人很疑惑。诗人说："我要将这本诗集撕碎，不再让它毒害别人的思想，我可以用我手中的这本诗集和你手中的那本交换。"年轻人犹豫了一会儿，答应了诗人的请求。年轻人接过诗人手上的那本诗集，有点儿吃惊，因为诗人手上的那本诗集的名字和原来那本如此的相似，但又是如此的不同——《我扼住了命运的喉咙》。诗人接过年轻人手中的那本诗集，对着它凝望了一会儿，便将它撕得粉碎，撕完后，诗人又说道："当我四肢健全时，我曾多次站在你那里，但当我经历了那场车祸变成残疾后，我便再也没站在那里过。"诗人说完，用深切的目光望着年轻人。年轻人迎着诗人的目光沉思了一会儿，终于从桥上下来了。

很多时候，我们和上面这个年轻人一样，总是被身边的人和

事牵绊着、主宰着，把自己的人生交给命运去处理，而忘了自己其实是自己人生的主人，我们的命运和心灵应该由自己做主。

如果说生命是一艘航船，那么我们对舵的把握程度，就决定了我们拥有怎样的人生。一个人的命运好不好，首先是自己决定的。敢于主宰和规划人生，奇迹便会不断产生。

世界上的人基本上分为两大类：一种人拥有积极乐观的人生态度，而另外一种人拥有消极悲观的人生态度。不同的人生态度，决定不同的人生结果。那些积极乐观的人，总是自己掌握自己的命运之舵，从而顺利到达幸福的彼岸；而那些消极悲观的人，总是把自己的命运之舵交给别人，或者依靠所谓的命运之神，结果永远在苦海里挣扎。如果有了积极的心态，又能不断地努力奋斗，那么世上一切事情都有成功的可能。如果既没有积极的心态，又不肯好好去努力，那么将永远和幸福失之交臂。

在家长制依然广泛存在的今天，长辈们包办子女的前途似乎合情合理，就算偶有意见，被他们的“生存哲学”一训诫，子女也会立刻驯服。上好学校、找稳定工作、结婚生孩子……很多人总是沿着既有的轨迹向前走，按着长辈们的意愿来生活，从来没想过自己也可以开创一个全新的人生。

亨利曾经说过：“我是命运的主人，我主宰我的心灵。”做人应该做自己的主人，应该主宰自己的命运，而不能把自己交付给别人。然而，生活中许多人却不能主宰自己，有的人把自己交付给了金钱，成为金钱的奴隶；有的人为了权力，成了权力的俘虏；有的人经不住生活中各种挫折与困难的考验，把自己交给了上帝；有的人经历一次失败后便迷失了自己，向命运低头，从此一蹶不振。

一个不想改变自己命运的人，是可悲的；一个不能靠自己的能力改变命运的人，是不幸的。一个人想获得成功，必定要经过无数的考验，而一个经受不住考验的人是绝对不能干出一番大事的。很多人之所以不能成就大事，关键就在于无法激发挑战命运的勇气和决心，不善于在现实中寻找答案。古今中外的成功者，无不是凭借自己的努力奋斗，掌控命运之舟，在波峰浪谷间破浪扬帆。

每个人都要努力做命运的主人，不能任由命运摆布自己。像莫扎特、梵·高这些历史上的名人都是我们的榜样，他们生前都遭遇过许多挫折，但他们没有屈服于命运，没有向命运低头，而是向命运发起了挑战，最终战胜了命运，成为自己的主人，成了命运的主宰。

## 用所有的热情，去拯救自己的人生

时下以各种名义聚会在年轻人中悄然流行着，也许在某次的聚会中你会遇见昔日一起毕业的好友，尽管当时你们才能相当，甚至他们不如你，但是他们现在有了自己的事业，或许成了某一阶层的“领导者”，他们之所以成功，也许有贵人的提拔，也许赶上了一个好的机遇，但是最重要的还是来自他们内心深处想要改变自己命运的思想。

从前，一头驴子不小心掉进了一口枯井里，它哀怜地叫喊呼救，期待主人把它救出去。驴子的主人召集了数位亲邻出谋划策，都想不出好办法来。大家倒是觉得反正驴子已经老了，“人道毁灭”也不为过，况且这口枯井迟早都会被填上。

于是，人们拿起铲子开始填井。当第一铲泥土落到枯井中时，驴子叫得更恐怖了，它显然明白了主人的意图。又一铲泥土落到枯井中，驴子出乎意料地安静了。人们发现，此后每一铲泥土打在它背上的时候，驴子都在做一件令人惊奇的事情：它努力抖落背上的泥土，踩在脚下，把自己垫高一点儿。

人们不断地把泥土往枯井里铲，驴子也就不停地抖落那些打在背上的泥土，使自己再升高一点儿。就这样，驴子慢慢地升到了枯井口，在人们惊奇的目光中，从容地走出枯井。

假如你现在就身处枯井中，求救的哀鸣也许换来的只是埋葬你的泥土。那么，驴子教会我们走出绝境的秘诀，便是拼命抖落背上的泥土，变埋葬自己的泥土为拯救自己的泥土，即将不利因素转化为有利因素。《塔木德》教导人们：“要救赎自己”，这种救赎不能靠别人，必须由自己来完成。通过下面的故事，我们来看看犹太人是如何救赎自己的。

美国犹太商人朗司·布拉文37岁才开始学习经商。他的父亲在洛杉矶经营一所拥有100名员工的会计师事务所，朗司·布拉文在大学学的是会计学，毕业以后他马上进了父亲的会计师事务所工作。周围人都认为他会顺其自然地成为事务所的第二代继承人，但是，他总是觉得事务所的工作不适合自己，家族的期待和财产反而成了他的噩梦，难以摆脱。

既然他不适合眼下的路，就只能离开。他辞职了，开始尝试经商。

进入商界十几年后，他的公司年交易额已达35亿日元。他主要向日本出口与体育有关的用品、服装及辅助设备等。经销地点除了公司本部的拉斯维加斯和日本外，还有瑞士。他真正的理想是建立全球规模的跨国公司。

生活只能靠自己去选择和创造，所以布拉文选择了放弃会计师事务所，而去追求自己擅长的领域。如果他继续待在父亲的公司，很可能成为一个背着“败家子”名声的失败者。

追求成功，得靠实力，追求财富也离不开自身的拼搏。只要拥有了遇事求己的坚强和自信，人人都能成为自己的救世主。改变人生只能靠我们自己，凡事不要依靠别人施舍，也不要希望财富与成功自天而降。只有将命运之舟紧紧地掌握在自己的手中，才能使它准确地驶向成功的彼岸。

## 可以平凡，不能平庸

平凡与平庸是两种截然不同的生活状态：前者如一颗使用中的螺丝钉，虽不起眼，却真真切切地发挥了作用，实现了价值；后者就像废弃的钉子，身处机器运转之外，无心也无力参与机器的运作。

平凡者纵使渺小却挖掘着自己生命的全部能量，平庸者却甘居无人发现的角落不肯露头。虽无惊天伟绩但物尽其用、人尽其能，这叫平凡；有能力发挥却自掩才华，自甘埋没，这叫平庸。

世间生命多种多样，有天上飞的，有水中游的，有陆上爬的，有山中走的；所有生命，都在时间与空间之流中消逝。生命，总以其多彩多姿的形态展现着各自的意义和价值。

“生命的价值，是以一己之生命，带动无限生命的奋起、活跃”，智慧禅光在众生头顶照耀，生命在闪光中见出灿烂，在平凡中见出真实。所以，所有的生命都应该得到祝福。

“若生命是一朵花就应自然地开放，散发一缕芬芳于人间；若生命是一棵草就应自然地生长，不因是一棵草而自卑自叹；若生命好比一只蝶，何不翩翩飞舞？”梁晓声笔下的生命皆有一份怡然自得、超然洒脱。芸芸众生，既不是翻江倒海的蛟龙，也不是称霸林中的雄狮，我们在苦海里颠簸，在丛林中避险，平凡得像是海中的一滴水、林中的一片叶。海滩上，这一粒沙与那一粒沙的区别你可能看出？旷野里，这一抔黄土和那一抔黄土的差异你是否能道明？

每个生命都很平凡，但每个生命都不卑微，所以，真正的智者不会让自己的生命陨落在无休无止的自怨自艾中，也不会甘于身心的平庸。

你可见过在悬崖峭壁上卓然屹立的松树？

它深深地扎根于岩缝之中，努力舒展着自己的躯干，任凭阳光暴晒，风吹雨打，在残酷的环境中始终保持着昂扬的斗志和积极的姿态。或许，它很平凡，只是一棵树而已，但是它并不平庸，它努力地保持着自己生命的傲然挺立。

有这样一个寓言让我们懂得：每个生命都不卑微，都是大千世界中不可或缺的一环，都在自己的位置上发挥着自己的作用。

一只老鼠掉进了一只桶里，怎么也出不来。老鼠吱吱地叫着，它发出了哀鸣，可是谁也听不见。可怜的老鼠心想，这只桶大概就是自己的坟墓了。正在这时，一只大象经过桶边，用鼻子把老鼠吊了出来。

“谢谢你，大象。你救了我的命，我希望能报答你。”

大象笑着说：“你准备怎么报答我呢？你不过是一只小小的老鼠。”

过了一些日子，大象不幸被猎人捉住了。猎人用绳子把大象捆了起来，准备等天亮后运走。大象伤心地躺在地上，无论怎么挣扎，也无法把绳子扯断。

突然，小老鼠出现了。它开始咬着绳子，终于在天亮前咬断了绳子，替大象松了绑。

大象感激地说：“谢谢你救了我！你真的很强大！”

“不，其实我只是一只小小的老鼠。”小老鼠平静地回答。

每个生命都有自己绽放光彩的时候，即使一只小小的老鼠，也能够拯救比自己体形大很多的巨象。故事中的这只老鼠正是“有道者”，一个真正有道的人，即使别人看不起他，把他看成是卑贱的人，他也不受影响，因为他知道自己的人格、道德，不一定要求别人来了解他、来重视他。但他依然会在自我的生命旅途中将智慧的种子撒播到世间各处。

有人说：“平凡的人虽然不一定能成就一番惊天动地的大事业，但对他自己而言，能在生命过程中把自己点燃，即使自己是根小火柴，只能发出微微星火也就足够了；平庸的人也许是一大捆火药，但他没有找到自己的引线，在忙忙碌碌中消沉下去，变成了一堆废料。”

也许你只是一朵残缺的花，只是一片熬过旱季的叶子，或是一张简单的纸、一块无奇的布，也许你只是时间长河中一个匆匆而逝的过客，不会吸引人们半点的目光和惊叹，但只要你拥有自己的信仰，并将自己的长处发挥到极致，就会成为成功驾驭生活的勇士。

## 勇气在哪里，生命就在哪里

有一天，一个10岁的黑人小女孩被母亲派到磨坊里向种植园主索要50美分。

园主放下自己的工作，看着那个小女孩敬而远之地站在那里看着他，便问道："你有什么事情吗？"小女孩没有移动脚步，怯怯地回答说："我妈妈说想要50美分。"

园主用一种可怕的声音和斥责的脸色回答说："我绝不给你!你快滚回家去吧，不然我锁住你。"说完继续做自己的工作。

过了一会儿，他抬头看到那个小女孩仍然站在那儿不走，便掀起一块桶板向她挥舞道："如果你再不滚开的话，我就用这桶板教训你。好吧，趁现在我还……"话未说完，小女孩突然冲到他前面，毫无惧色地扬起脸来用尽全身气力向他大喊："我妈妈需要50美分!"

慢慢地，园主将桶板放了下来，手伸向口袋里摸出50美分给了那个小女孩。她一把抓过钱去，便像小鹿一样推门跑了，留下园主目瞪口呆地站在那儿回顾这奇怪的经历——一个黑人小女孩竟然毫无惧色地面对自己，并且镇住了自己。在这之前，整个种植园里的黑人们似乎从未有人这样做过。正是勇气的支撑，使身体单薄的小女孩选择了抗争。“应当惊恐的时候，是在不幸还能弥补之时；在它们不能完全弥补时，就应以勇气面对。”从著名女作家乔治·艾略特的自传中，人们终于知道了她为什么没有与赫伯特·斯宾塞结婚。那不是她的错，因为她非常爱他，非常想与他结婚。他们有很多共同之处，他也追求她很多年，很多人都以为他们将要结婚。

有一天，斯宾塞用抛硬币来决定是否结婚，他事先想好，如果是正面就结婚，如果是反面就不结婚。结果硬币是反面，他决定不结婚。这个决定既残酷，又草率。这深深地伤害了艾略特，因为她深深地爱着他，也期待着他的爱。她很痛苦。

在心碎数月之后。她写信给一位朋友说：“我很好，很‘勇敢’，我本来想把这个词换成‘快乐’的。”当然，她也是幸运的，因为斯宾塞冷酷、抽象而又易怒。如果他们结婚，她所受到的痛苦可能更大，更不用说斯宾塞常年有病了。实际上，这可以称得上是一种幸运的解脱方式。斯宾塞的个性僵硬，很多人认为他的哲学也是僵硬的。用抛硬币来决定终身大事，这样的行为如果不是出于自私，他的心理肯定有问题。由于斯宾塞一生未婚，可以说，对于其他女性来说，这也是幸运的。

当我们知道“勇气”可以代替“快乐”时，我们是幸运的，只是因为它揭示了生活中的一个事实。虽然我们失去了一些东西，但是，我们同时也有所得。即使我们没有运气，我们也可以有勇气。幸运也是变幻无常的，它会赋予一个人名声，赋予另一个人财富，并且可以毫无理由。勇气却是一个稳定而又可以依靠的朋友，只要我们信任它。

有句古老的谚语说："生来就拥有财富还不如生来就有好运。"这句话说得也许正确，但是，如果生来就拥有勇气则会更好。财富可能会挥霍一空，好运可能会掉头而去，而勇气则会常伴你左右。

正像乔治·艾略特面对失恋的痛苦一样，让我们用笑脸来迎接悲惨的厄运，用百倍的勇气来应付一切的不幸。勇气在哪里，成功就在哪里；勇气在哪里，生命就在哪里。

## 再等下去，你就变成化石了

人生要想成功，就要一点一滴地奠定基础。先给自己设定一个切实可行的目标，确实达到之后，再迈向更高的目标。

那就别再瞻前顾后地等待了，现在就动手，马上行动吧！

有个农夫新购置了一块农田。可他发现在农田的中央有一块大石头。

"为什么不把它搬走呢？"农夫问卖主。

"哦，它太大了。"卖主为难地回答说。

农夫二话没说，立即找来一根铁棍，撬开石头的一端，意外地发现这块石头的厚度还不及一尺，农夫只花了一点点时间，就将石头搬离了农田。

也许，在一开始的时候，你会觉得坚持“马上行动”这种态度很不容易，但最终你会发现这种态度会成为你个人价值的一部分。而当你体验到他人的肯定给你的工作和生活所带来的帮助时，你就会坚持不懈地运用这种态度。

人都会走入误区，一提到成功就想到开工厂、做生意。这一想法如不突破，就抓不住许多在他看来不可能的新机遇。真正想一想，成功与失败、富有与贫穷只是因为当初的一念之差。很多有钱人当初带几千元杀进股市，几年后便成了百万富翁，当初只花几百元去摆地摊，10年后就变成了大老板。可是有人说，如果我当初做会比他们赚得更多。不错，你的能力比他强，你的资金比他多，你的经验或许比他足。可是这就是当初一念之差，你的观念决定了你当初不去做，不去做的观念决定了你10年后的今天还是个穷人。不同的观念导致了不同的人生。

有人面对一个来之不易的好机会总是拿不定主意，于是去问其他人，问了10人肯定有9人说不能做，于是放弃了。其实你不知道机遇来源于新生事物，而新生事物之所以新就是因为90%的人还不知道、不了解，等90%的人知道了就不再是新生事物。就拿这个好机会来说，你问10个人，很可能10个人都摇头，但再过一段时间，这10个人点头时，这个市场就已经饱和了！多数人不了解时叫“机会”；多数人都认可时叫“行业”；永远不认可的叫“消费者”，也叫“贫困户”。

第一批下海经商的人——富了,第一批买原始股的人——富了,第一批买地皮的人——富了。他们富了,因为他们敢于在大多数人还在犹豫不决的时候就做出了实际行动。先行一步,抢得商机,占领了市场。今天,这也是新生事物,在很多人还不了解的时候,你开始行动,便抢得了商机,占领了市场的制高点。不要再等下去了，要想改变现状，就马上行动，你就会获得成功。

## “敢做”有时比会做更重要

任何时候，都不要失去勇气，即使一件事你没有十足的把握，你也要把勇气放在心头。一个有勇气的人，有时比一个能工巧匠更容易成功。

1956年，58岁的哈默购买了西方石油公司，开始大做石油生意。石油是最能赚大钱的行业，也正因为最能赚钱，所以竞争尤为激烈。初涉石油领域的哈默要建立起自己的石油王国，无疑面临着极大的竞争风险。

首先碰到的是油源问题。1960年石油产量占美国总产量38%的得克萨斯州，已被几家大石油公司垄断，哈默无法插手；沙特阿拉伯是美国埃克森石油公司的天下，哈默难以染指。如何解决油源问题呢？1960年，当花费了1000万美元勘探资金而毫无结果时，哈默再一次冒险地接受了一位青年地质学家的建议：旧金山以东一片被德士古石油公司放弃的地区，可能蕴藏着丰富的天然气，并建议哈默的西方石油公司把它租下来。哈默又千方百计从各方面筹集了一大笔钱，投入了这一冒险的投资。当钻到860英尺(约262米)深时，终于钻出了加利福尼亚州的第二大天然气田，估计价值在2亿美元以上。

哈默成功的事实告诉我们：风险和利润的大小是成正比的，巨大的风险能带来巨大的效益。

与其不尝试而失败，不如尝试了再失败，不战而败如同运动员在竞赛时弃权，是一种极端怯懦的行为。作为一个成功的经营者，就必须具备坚强的毅力，以及“即使失败也要试试看”的勇气和胆略。当然，冒风险也并非铤而走险，敢冒风险的勇气和胆略是建立在对客观现实的科学分析基础之上的。顺应客观规律，加上主观努力，力争从风险中获得效益，是成功者必备的心理素质，这就是人们常说的应当胆识结合。

成功需要充足的勇气，哈默正是依靠勇气而获得成功。

成功者必是勇敢者，而所谓勇敢者也必须是一个既敢想又敢做的人。

## 没有奋斗的青春，你拿什么致敬

时光悠悠，童年的稚气已在花开花落的四季轮回里渐渐褪去，理想的双翅还未来得及完全展开，转眼我们就到了青春的花期。“花无百日红”，随着年龄的增长，记忆力会出现衰退，容颜也渐渐憔悴，青春易逝，所以说，人生拼搏就趁早。

齐瓦勃15岁那年，家中一贫如洗，只受过短暂学校教育的他到一个山村做了马夫。然而，齐瓦勃并没有自暴自弃，他无时无刻不在寻找发展的机遇。3年后，齐瓦勃来到钢铁大王卡内基的一个建筑工地打工。一踏进建筑工地，齐瓦勃就抱定了要做同事中最优秀的人的决心。当其他人在抱怨工作辛苦、薪水低而怠工的时候，齐瓦勃却默默地积累着工作经验并自学建筑知识。

一天晚上，同伴们在闲聊，唯独齐瓦勃躲在角落里看书。那天恰巧公司经理到工地检查工作，经理看了看齐瓦勃手中的书，又翻开他的笔记本，什么也没说就走了。第二天，公司经理把齐瓦勃叫到办公室，问：“你学那些东西干什么？”齐瓦勃说：“我想我们公司并不缺少打工者，缺少的是既有工作经验又有专业知识的技术人员或管理者，对吗？”经理点了点头。不久，齐瓦勃就被升任为技师。打工者中有些人讽刺、挖苦齐瓦勃，他回答说："我不光是在为老板打工，更不单纯是为了赚钱，我是在为自己的梦想打工，为自己的远大前途打工。我们只能在业绩中提升自己。我要使自己工作所产生的价值，远远超过所得的薪水，只有这样，我才能得到重用，才能获得机遇！"抱着这样的信念，齐瓦勃一步步升到了总工程师的职位上。25岁那年，齐瓦勃就做了这家建筑公司的总经理。

最宝贵的是时间，最被轻视的也是时间。现在的年轻人都崇尚悠闲，安于"散漫"，三三两两聚在一起能聊个天昏地暗，有什么不顺心的事能郁闷好几天，刚准备看看书，一个电话打来，就兴高采烈地随老友逛街了。他们总以为自己有用不完的时间，于是毫不怜惜地蹉跎着时间，挥霍着光阴——这是一件多么可悲、可惜的事啊。

你可能没有傲人的姿色、出色的才能、高贵的出身，但是请你相信，上帝给了你公平的时间。所以，别看比尔·盖茨富可敌国，别看妮可·基德曼艳光四射，任何人都会败给时间。荣华可以无限，时间却是有限。然而生命虽然有限，精彩可以无限。积极地投身生活吧，你没有下一个轮回，你只有现世。别在生命的尽头才遗憾自己的生命并未"燃烧"。"人生能有几回搏"，让我们尽情释放自己，做一朵在风雨中迎风起舞的"铿锵玫瑰"！

## 等待永远是美好的最大敌人

任何人都是一样，年轻时需要积累，年老时才来享受，年轻时正是积累自身实力的时期，年老力衰的时候才能靠着智慧经验或者年轻时储蓄的财富过日子，否则年纪大了再来吃苦，就是“自造孽”，看看那些下岗女工再就业，看看中老年离婚的妇女，你是否能从中得到一些危机的启示？

1904年，正当年轻的爱因斯坦潜心于研究的时候，他的儿子出生了。于是，在家里，他常常左手抱儿子，右手做运算。在街上，他也是一边推着婴儿车，一边思考着他的研究课题。妻儿熟睡了，他还到屋外点灯撰写论文。爱因斯坦就是这样抓住每一个“今天”，通过日积月累，一年中完成了四篇重要的论文，引领了物理学领域的一场革命。

“明日复明日，明日何其多。我生待明日，万事成蹉跎。”要想不荒废岁月，干出一番事业，就要克服拖拉，珍视今天。

有个创意家，一直给人悠闲无事的感觉，但收入却不少。记者问他是怎么做到的，他说:“做时间的主人，别让时间做你的主人。”

这话听起来有些玄妙，意思是说，你可以决定什么时间做什么事，而不是让时间来决定你应该做什么事。

时间对他而言只是桥梁，通过它，可以找到更合适的生活，而不仅仅是谋取财富。在他看来，时间还有更重要的使命："有时间的人是活人，没有时间的人是死人。"

宋国大夫戴盈之曾对孟子说："现在的税负太重了，很想按照以前的井田制度，只征收1/10的税，但是目前执行起来有困难，只能暂时减一点，明年再看着办，你以为如何？"孟子不置可否，只举了个例子："有一个小偷，每天都偷邻居的鸡，别人警告他，再偷就将他送官，他哀求说，从今天开始，我每个月少偷一只，明年就洗手不干了，可以吗？"

等待永远是美好的最大敌人，拖拉者的一个悲剧是，一方面梦想仙境中的玫瑰园出现，另一方面又忽略窗外盛开的玫瑰。昨天已成为历史，明天仅是幻想，现实的玫瑰就是"今天"。拖拉所浪费的正是这宝贵的"今天"。

钟表王国瑞士有一座温特图尔钟表博物馆。在博物馆里的一些古钟上，都刻着这样一句话："如果你跟得上时间的步伐，你就不会默默无闻。"这句富有哲理的话，一定早已铭刻在许多成功者的心灵深处了。

所以，成功者从来都不希望坐在那里等待，而是积极地投入行动之中，为了理想而努力，为了事业而拼搏。尽管道路中会经历风雨，可是等到他们品尝到了成功的甘甜的时候，他们就会感谢曾经的行动，因为正是行动成就了他们的明天。

第二章

# 别让心中的不敢，成为将来的遗憾

## 想要梦想成真，首先学会不做梦

我们都需要华美的梦来装饰我们的生活，但要实现这一个个美丽的梦，不单单是拥有梦想，如果只是拥有梦想，幻想着实现梦想后的美好与成就感，那么梦想只能永远是梦想，要想梦想成真，首先要学会不做梦，需要我们脚踏实地去行动起来。

日本的“经营四圣”之一稻盛和夫先生曾经说过，“很多年轻人都梦想在有生之年取得骄人的成就，我们应该鼓励所有的年轻人怀有这样的梦想。但年轻人要明白，成就是靠每天一点一滴辛苦的工作累积下来的，不是一蹴而就。在人生旅途中，没有一步登天的魔梯。我们要脚踏实地、点滴积累，不管是生活，还是企业管理，只有‘脚踏实地’才是梦想成真之道。”

人人都渴望成功，但真正成功的人却只是少数，很多人都是碌碌无为地度过一生。仔细想想不难发现，热情和脚踏实地的努力的错位是重要的原因。人在年轻的时候，往往心气很高，但常常由于眼高手低，不能脚踏实地做人做事，而与成功的机会擦肩而过；人到中年，虽然已经奠定了一定的基础，但往往又得过且过，由于缺乏继续向前的热情，从而永远无法感受到成功的喜悦与满足。

有些人能有所作为，是因为他们从不轻易选择快捷方式，而是日复一日地持续努力，认真又脚踏实地地用坚持实践着自己的梦想，让明天比今天更好。因此，成功不是一蹴而就的瞬间辉煌，而是每一个平凡的“今天”的不断累积，脚踏实地的努力。

在钱锺书先生去世后不久，曾有人撰文纪念他“寂静”“勤于钻研”的一生，的确，钱锺书先生可谓是脚踏实地的典范，终生专注于学术研究，从不以口舌争名求利，从不为交游虚掷光阴；览古籍、做学问、写专著，他的一生都致力于将他对于学问的苛求付诸实践，不间断地刻苦、勤奋，造就了这个学贯中西的大学者。

试想，若没有脚踏实地的孜孜以求，钱锺书先生又如何能成为中西文化的大师？司马迁含辛茹苦，埋头十几年，才一字一字地写出千古名篇《史记》；刘翔从小起步、不顾寒暑，勤学苦练，才一步一步地跑出一百米跨栏世界冠军。这些事例生动形象地说明一个道理：追求成功的脚步必须扎扎实实。

可以说，每一个卓有成就的人都将自己的梦想转化成了行动。英国剧作家莎士比亚曾向世人发出忠告：“要想登上陡峭的山峰，从一开始就需要有坚实的步伐。”一个人无论有怎样美好的追求，都不要心急火燎的去实现。而应该确定目标、探索方法、培养毅力、寻找机会，一步一个脚印地去操作去实践。

在对成功的追求中，守株待兔不行，揠苗助长更不行。杀鸡取卵、竭泽而渔、好高骛远，都会事与愿违，与理想背道而驰，与目标遥遥无期。有的人自命不凡，可是心比天高，手比眼低，大事做不成，小事不愿做，结果是竹篮打水一场空。有的人贪求捷径，饮鸩止渴，画饼充饥，总是期待跨越发展，一夜成名，结果是捉鸡不成失把米。有的人投机取巧，不愿脚踏实地干，喜欢闭门造车，或者寻找旁门左道，结果是四处碰壁美梦熄。还有的人总想三步并做两步走，一生目标一朝完，好大喜功、追名逐利，结果累得气喘吁吁却无功而返。

一个真正为理想而追求、为事业而奋斗的人，就懂得风物长宜、脚踏实地，埋头苦干。要懂得不积跬步，无以至千里；不积细流，无以成江河的道理。从我做起，从当下做起，不被千难万险所吓倒，也不让声色犬马诱惑，静心屏气、沉着稳健，一步一步地向前走去。在实现成功追求的路途中有毅力、有耐心，脚踏实地、任劳任怨、破釜沉舟、坚持到底。

人生就像爬坡，恒心架起通天路，勇气吹开智慧门。如果心旌摇荡，必将前功尽弃。春播、夏锄、秋收、冬储，是农业上的一个过程，如果从春天一步就迈进初冬的门槛，那么储存的也只能是一堆堆枯黄的叶子。即便你驾着汽车，在高速公路上行驶，也会被限制速度，因为超速预示着危险，也会受到惩罚。起点再美好，如果没有一个脚踏实地的过程，终点也将因此而黯然失色。

马克思曾经说过：“在科学上面没有平坦的大道，只有不畏劳苦沿着陡峭山路攀登的人，才有希望到达光辉的顶点”。每个要梦想的实现，都需要脚踏实地。善于积累，循序渐进，善于总结工作中的点点滴滴，善于学习积累成功经验，循序渐进开展工作。充实每一个今天，日复一日地积累，就会让梦想成真。

## 起点影响结果，但不会决定结果

印度有一句谚语：“播种行为，收获习惯；播种习惯，收获性格；播种性格，收获命运。”人的命运虽不可选择，却不是既成的。人无法选择自己的出身，也无力改变所处的环境，但人可以改变自己的思想和性格。起点可以影响结果，但不会最终决定结果，决定结果的是我们自己。当你遇到挫折时，可以让自己屈服，从此放弃努力，甘于过平庸的生活；也可以坚忍不拔地走下去，最终获得充实而卓越的人生。因此，只有把握自己的个性，才能真正把握自己的命运，把握自己的人生。

《时间简史——从大爆炸到黑洞》是一部在全世界具有影响力的科普著作，它的作者斯蒂芬·霍金患上了会使肌肉萎缩的卢伽雷氏症，全身只有右手的三个手指能动，后来又丧失了语言能力。正是这样一个身体上有缺陷的人，被科学界公认为继爱因斯坦之后最伟大的理论物理学家。每一位有幸见到他的人，都会对人类中居然有如此的灵魂而从内心受到深深的影响。霍金在21岁时被确诊为患有不可治愈的运动神经病。医生断言他只能再活两年半，而他没有被致命的挑战吓倒，以他的执着和坚定粉碎了医生的预言。他先后被选入伦敦皇家学会，被任命为卢卡逊数学教授——这是牛顿曾获得的荣誉职位。

霍金是一位划时代的英雄！他的伟大在于性格的伟大，刚毅的性格使他藐视身体的痛苦，对梦想、成功和影响力的执着追求使他拥有巨大的勇气和意志力。敢于挑战、顽强拼搏的人，就能战无不胜，而世界属于一往无前的人。

霍金身体的缺陷对他而言是无法改变的命运，但事业的成功是由自己创造的。一个坚强、勇敢、自信、宽容、谦虚的人，比起一个怯懦、自卑、自私、自大的人，成功的机遇和可能要大得多。卡耐基有一个著名的理论：一个人的成功85%归于性格，15%归于知识。性格、意志、情绪等非智力因素在一个人的成长中起决定作用，而智力和知识并不是最重要的。美国斯坦福大学某教授曾经对1000多名智商在140分以上的天才儿童进行过长达几十年的跟踪研究。在研究中，他把这些人中最有成就的150人和成就最低的150人进行了比较。他们在智力上相差甚微，而能否取得成就的原因主要在于性格特征的差别：自信不自信，自卑或不自卑，坚毅或不能坚持，是否有较强的适应能力和实现目标的动机等。可见，成功与否是由自己决定的，命运如何是由性格决定的，性格即命运。

事业上的成功离不开良好的个性品质，个人生活上的成功更离不开良好的个性。具备良好的个性才能有成功的人生。一个人对学习充满热情，就会发现学习中的乐趣。对集体利益充满热情，他的才华就会在集体中充分展示。对他人多一份关心与帮助，就会更多地得到别人的帮助与支持。以宽容和诚实之心对待别人，就会得到珍贵的友情、爱情、亲情、师生情。性格勇敢坚强，就不会为生活中的挫折所烦恼。性格乐观则能更多地感受生活中阳光的温暖。幸福是一种对生活的体验。态度不同，性格不同，对幸福的体验就会不同。命运本身也许并无好坏，人以什么态度来对待它，才是命运好坏的根本原因。

个性具有很大的可塑性。良好个性的形成更离不开个人的主观努力。从小事做起，从现在做起，从身边做起，就可以逐渐形成通向成功的性格。如果你认为自己不够关心别人，那么当你看到别人遇到困难时，主动地伸出你的手，尽你所能去帮助他们，这样一来，你就能逐渐养成乐于助人的性格。无论在学习或生活中，遇到挫折和困难，你都要时刻提醒自己坚持下去。以宽容之心对他人，以严格之心要求自己，不断地播下个性的种子，终能收获自己有影响力的命运。

很多人嫉妒“富二代”“官二代”有优渥的物质条件，是的，我们无法选择自己的起点，许多先天条件我们没有办法改变，但是起点并不能决定终点。我们可以做的就是在既定的起点的基础上努力去改变可以改变的，有的时候只改变一点，却能产生强大的效应。成功者无不有良好的性格，就让我们从改变自己开始。

## 有披荆斩棘的勇气，失败就不会是定局

世事无常，我们随时都会遇到挫折。当我们碰到厄运的时候，当我们面对失败的时候，当我们承受重大灾难的时候，我们该怎样去面对呢？面对困难确实需要勇气，但这不能成为我们生命不能承受之重，只要我们仍能在自己的生命之杯中盛满希望之水，不要把自己禁锢在眼前的困苦中，眼光放远一点，就能将绊脚石转化为自己的跳板。当你看得见成功的未来远景时，便能走出困境，达到你梦想的目标。

内心充满希望，它可以为你增添一分勇气和力量，它可以支撑起你一身的傲骨。当莱特兄弟研究飞机的时候，许多人都讥笑他们是异想天开，当时甚至有句俗语说："上帝如果有意让人飞，早就使他们长出翅膀了。"但是莱特兄弟毫不理会外界的说法，终于发明了飞机。当伽利略以望远镜观察天体，发现地球绕太阳而行的时候，教皇曾将他下狱，命令他改变主张，但是伽利略依然继续研究，并著书阐明自己的学说，他的研究成果后来终于获得了证实。最伟大的成就，常属于那些在大家都认为不可能

的情况下，踢掉绊脚石，坚持到底的人。坚持就是胜利，这是成功的一条秘诀。

在一座偏僻遥远的山谷里的断崖上，不知何时，长出了一株小小的百合。它刚诞生的时候，长得和野草一模一样，但是，它心里知道自己并不是一株野草。它的内心深处，有一个纯洁的念头：“我是一株百合，不是一株野草。唯一能证明我是百合的方法，就是开出美丽的花朵。”它努力地吸收水分和阳光，深深地扎根，直直地挺着胸膛，对附近的杂草置之不理。

在野草和蜂蝶的鄙夷下，百合努力地释放内心的能量。百合说：“我要开花，是因为知道自己能开美丽的花；我要开花，是为了完成作为一株花的庄严使命；我要开花，是由于自己喜欢以花来证明自己的存在。不管你们怎样看我，我都要开花！”

终于，它开花了。它那灵性的白和秀挺的风姿，成为断崖上最美丽的风景。年年春天，百合努力地开花、结籽，最后，这里被称为“百合谷地”。因为这里到处是洁白的百合。

百合没有屈服于挫折，而是以挫折为契机，开出了花朵，实现了自己的愿望。我们生活在一个竞争十分激烈的社会，有时在某方面一时落后，有时困难重重，甚至有时被人嘲笑……无论什么时候，我们都不能放弃努力；无论什么时候，我们都应该像那株百合一样，为自己播下希望的种子。

发生在汶川的5·12特大地震虽然震裂了大地，但震不跨人们坚强的心。面对死亡，这对活着的人来说，他们的心要有足够强大的精神来支撑自己不要倒下，多少次的痛不欲生，多少次的跌跌撞撞，终于，他们顶住了，面对这需要珍重的新生，面对新生活，为死去的人好好活着。因为他们知道，活在痛苦中，只会让自己辜负这新生命的际遇，他们好好活着，就是对这生命最好的感恩。

在竞争中，暂时的落后并不可怕，自卑的心理才是可怕的。人生失意、挫折、失败对人是一种考验，是一种学习，更是一种财富。我们要牢记“勤能补拙”，既能正确认识自己的不足，又能放下包袱，以最大的决心和最顽强的毅力克服这些不足，弥补这些缺陷。人的缺陷不是不能改变，而是看你愿不愿意改变。只要下定决心，讲究方法，就可以弥补自己的不足。

在不断前进的人生中，凡是看得见未来的人，也能掌握现在，因为明天的方向他已经规划好了，知道自己的人生将走向何方。平凡人总是把挫折当成挫折，当作自己前进的绊脚石，而非凡的人把人生中的挫折都当成自己的跳板，借助跳板，跨越到更高的阶段。所以，留住心中的“希望种子”，相信自己会有一个无可限量的未来，心存希望，任何艰难都不会成为我们的阻碍。相信只要怀抱希望，那些暂时的绊脚石，我们终将能从上面跨过去，之后等待我们的将会是熠熠生辉的星光大道。

## 你可以不成功，但不能不成长

“在人生的道路上，所有的人并不站在同一个场所——有的在山前，有的在海边，有的在平原，但是没有一个人能够站着不动，所有的人都得朝前走。”这是泰戈尔的名言。我们每个人都有自己的位置，也许低也许高，并不是所有的人都能有机会站在人生的最高顶点，但是“所有的人都得朝前走”，即不论是谁都要努力进取。我们不一定要创造丰功伟绩，但不论现在的成绩如何，我们都要不断超越现在，不断进取才有成功的机会，而安于现状被安逸生活吞噬进取心的人，则永远没有体验人生风景的机会。

有一天，沼泽向在自己身边奔流而过的河流问道：“你整天川流不息，一定累得要命吧？你一会儿背着沉重的大船，一会儿负着长长的水筏，在我眼前奔流而过。小船小划子更不用说了，它们多得没有个穷尽。你什么时候才能抛弃这种无聊的生活呢？像我这样安安逸逸的生活，你找得到吗？我是一个幸福的闲人，舒舒服服、悠悠闲闲地荡漾在柔和的泥岸之间，好比高贵的太太们窝在沙发的靠枕里一样。大船小船也罢，漂来的木头也罢，我这儿可没有这些无谓的纷扰，甚至小划子有多重我都不知道，至多偶尔有几片落叶漂浮在我的胸膛上，那是微风把它们送来和我一起休息的。一切风暴有树林挡住，一切烦恼我也沾染不上，我的命运是再好不过的了。周围的尘世不断地忙忙碌碌，我却躺在哲学的梦里养神休息。”

“哲学家，你既然懂得道理，可别忘了这条法则，”河流回答，“水只有流动才能保持新鲜，我成了伟大壮阔的河流就是因为我不躺在那儿做梦，而是按照这个法则川流不息。结果呢，我的源源不绝的水，又多又清的水，年复一年地给人们带来了幸福，因而赢得了光荣的名誉，或许我还要世世代代地川流不息下去。那时候，你的名字就不会有人知道了。”

多年以后，河流的话果然应验了，壮丽的河仍旧川流不息，沼泽却一年浅似一年。沼泽的表面浮着一层黏液，芦苇生出来了，而且生长得很快，沼泽最终干涸了。

这个故事告诉我们，一成不变能换取一时的安逸，却得不到丝毫成长，只会慢慢退步，甚至慢慢衰亡。

成功的人往往都是一些不那么“安分守己”的人，他们绝对不会因取得一些小小的成绩而沾沾自喜。每一个渴望成功的人都要谨记：只有不断“砸烂”较差的，你才能完全没有包袱，创造出更好的，走上成功的殿堂，就像下面的故事中讲到的一样。

一位雕塑家有一个12岁的儿子。儿子要爸爸给他做几件玩具，雕塑家只是慈祥地笑笑，说：“你自己不能动手试试吗？”

为了制作自己的玩具，孩子开始注意父亲的工作，常常站在大台边观看父亲运用各种工具，然后模仿着运用于玩具制作。父亲也从来不向他讲解什么，放任自流。

一年后，孩子好像初步掌握了一些制作方法，玩具造得颇像个样子。这样，父亲偶尔会指点一二。但孩子脾气倔，从来不将父亲的话当回事，我行我素，自得其乐，父亲也不生气。

又一年，孩子的技艺显著提高，可以随心所欲地摆弄出各种人和动物形状。孩子常常将自己的“杰作”展示给别人看，引来诸多夸赞。但雕塑家总是淡淡地笑，并不在乎似的。

有一天，孩子存放在工作室的玩具全部不翼而飞，他十分惊疑！父亲说：“昨夜可能有小偷来过。”孩子没办法，只得重新制作。半年后，工作室再次被盗！又半年，工作室又失窃了。

孩子有些怀疑是父亲在捣鬼：为什么从不见父亲为失窃而吃惊、防范呢？偶然一天夜晚，儿子夜里没睡着，见工作室灯亮着，便溜到窗边窥视：父亲背着手，在雕塑作品前踱步、观看。好一会儿，父亲仿佛做出某种决定，一转身，拾起斧子，将自己大部分作品打得稀巴烂！接着，将这些碎土块堆到一起，放上水重新混合成泥巴。孩子疑惑地站在窗外。这时，他又看见父亲走到他的那批小玩具前。只见父亲拿起每件玩具端详片刻，然后，父亲将儿子所有的自制玩具扔到泥堆里搅和起来！当父亲回头的时候，儿子已站在他身后，瞪着愤怒的眼睛。父亲有些羞愧，温和地抚摩儿子的脸蛋，吞吞吐吐道：“我……哦，是因为，只有砸烂较差的，我们才能创造更好的。”

10年之后，父亲和儿子的作品多次同获国内外大奖。

人也只有在不断进取的状态下才能够永葆生命的活力。既然生命不息，那就应该不断进取，超越自我。奔腾不息的流水才能够永葆生命的新鲜与活力，对于积极进取的人来说，每天都是一个崭新的起点，因为进取心带来的激励存在于我们人体内，它推动我们完善自我，追求完美的人生。

一个有事业进取心的人，可以把“梦”做得高些，虽然开始时是梦想，但只要不停地做，不轻易放弃，梦想终能成真。一旦我们每一个人有幸受这种伟大推动力的引导和驱使，生命就会成长、开花、结果。

胡巴特说：“这个世界愿对一件事情赠予大奖，包括金钱和荣誉，那就是‘进取心’。”进取心是存在于我们体内的一种神秘又伟大的力量。有了进取心，就可像杨澜说的那样“什么都阻挡不了我，天空才是我的极限。”也许我们正处于人生起步，也许已经小有成就抑或许仍然平凡，无论我处于什么样的高度，也要时刻提醒自己，生活还在继续，要一直向前，而不该原地踏步，数着自己的脚印过活。经济不景气，金融危机，这一切使得竞争更加残酷。年轻人只有让自己能够迅速地成长，不断地学习、不断地拼搏，知识面就会越广，得到的信息就越多，人生的视野就越来越开阔。

## 要让自己的尊严有分量，你要学会先积蓄硬实力

在成长的过程中，很多人因为遭受来自社会、家庭的议论、否定、批评和打击，奋发向上的热情便慢慢冷却，逐渐丧失了信心和勇气，对失败惶恐不安，变得懦弱、狭隘、自卑、孤僻、害怕承担责任、不思进取、不敢拼搏。事实上，他们不是输给了外界压力，而是输给了自己。很多时候，阻挡我们前进的不是别人，而是我们自己。因为怕跌倒，所以走得胆战心惊、亦步亦趋；因为怕受伤害，所以把自己裹得严严实实。殊不知，我们在封闭自己的同时，也封闭了自己的人生。

世界上最难攻破的不是那些坚固的城堡和城池，而是自己为自己编织的"心理牢笼"。因此，我们要想走上成功的道路，摆脱不顺的现状，就要勇敢地冲出"心理牢笼"。

有一条鱼在很小的时候被捕上了岸，渔人看它太小，而且很美丽，便把它当成礼物送给了女儿。

小女孩把它放在一个鱼缸里养了起来。每天，这条鱼游来游去总会碰到鱼缸的内壁，心里便有一种不愉快的感觉。

后来鱼越长越大，在鱼缸里转身都困难了，女孩便为它换了更大的鱼缸，它又可以游来游去了。可是每次碰到鱼缸的内壁，

它畅快的心情便会暗淡下来。它有些讨厌这种原地转圈的生活了，索性静静地悬浮在水中，不游也不动，甚至连食物也不怎么吃了。

女孩看它很可怜，便把它放回了大海。

它在海中不停地游着，心中却一直快乐不起来。

一天它遇见了另一条鱼，那条鱼问它："你看起来好像闷闷不乐啊！"

它叹了口气说："啊，这个鱼缸太大了，我怎么也游不到它的边！"

我们是不是就像那条鱼呢？在鱼缸中待久了，心也变得像鱼缸一样小了，不敢有所突破，有一天到了一个更为广阔的空间，已变得狭小的心反倒无所适从了。

其实，心有多大，世界就有多大。如果不能打碎心中的四壁，你的翅膀就舒展不开，即使给你一片大海，你也找不到自由的感觉。

打开自己，需要开放自己的胸怀。

开放，是一种心态、一种个性、一种气度、一种修养；是能正确地对待自己、他人、社会和周围的一切；是对自己的专业和周围的世界都怀有强烈的兴趣，喜欢钻研和探索；是热爱创新，不墨守成规，不故步自封、不固执僵化；是乐于和别人分享快乐，并能抚慰别人的痛苦与哀伤；是谦虚，勇于承认自己的不足，并能乐观地接受他人的意见，而且非常喜欢和别人交流；是乐于承担责任和接受挑战；是具有极强的适应性，乐意接受新的思想和新的经验，能够迅速适应新的环境；是坚强，敢于面对任何的否定和挫折，不畏惧失败。

不打开自己，一个人就不可能学会新东西，更不可能进步和成长。开放的胸怀，是学习的前提，是沟通的基础，是提升自我的起点。在一个组织里，最成功的人就是拥有开放胸怀的人，他们进步最快，人缘最好，也容易获得成功的机会。

具有开阔胸怀的人，会主动听取别人的意见，改进自己的工作。比尔·盖茨经常对微软的员工说："客户的批评比赚钱更重要。从客户的批评中，我们可以更好地汲取失败的教训，将它转化为成功的动力。"比尔·盖茨本人就是一个心态非常开放的人，他鼓励公司里每个人畅所欲言，当别人和他有不同意见时，他会很虚心地去听。每次公开讲演之后，他都会问同事哪里讲得好，哪里讲得不好，下次应该怎样改进。这就是世界巨富的作风，也是他之所以能成为巨富的潜质。

开放的心自由自在，可以飞得又高又远；而封闭的心像一池死水，永远没有机会进步。如果你的心过于封闭，不能接纳别人的建议，就等于锁上一扇门，禁锢了你的心灵。要知道褊狭就像一把利刃，会切断许多机会及沟通的渠道。

花草因为有土壤和养分，才会茁壮成长、美丽绽放，人的心灵也需要不断接受新思想的洗礼和浇灌，否则智慧就会因为缺乏营养而枯萎死亡。

拥有开放的心，你才能充分利用成功的第一原则：一个人只要对自己的信念坚定不移，就没有做不到的事情。打开你的心，让想象力自由翱翔，让你成功的希望越飞越高。

开放的人生来源于开放的思想，开放的思想来源于开放的眼界，开放的眼界来源于开放的行动，开放的行动来源于开放的知识。生活在一个不断开放的国度里，我们也要以开放的胸襟，用开放的思维，用开放的勇气，用开放的行动，为自己建设一个不断开放、不断进步的人生。

## 人生不设限，才能有所超越

在人生的路上，真正的山峰就是你自己的心灵。在你的内心深处，把自己界定在什么位置，那么你接下来的人生就会为之而努力、而奋斗。因此，自我定义是一道摆在我们每一个人面前的一道题。只有充分地正视自己的能力过后才能得出正确的答案。现实生活变幻莫测，我们还是根据现实的情况不断地调整自己的目标。但是无论你的目标是什么，在起程的开始和过程中，都不应该被眼前的困难和挫折束缚住自己的手脚。放手去搏，方得海阔天空。

生物学家做过一个有趣的实验：

他们往一个玻璃杯里放进一些跳蚤，发现跳蚤立即轻易地跳了出来。重复几遍，结果还是一样。根据测试，跳蚤跳的高度均在其身高的100倍以上，所以跳蚤称得上动物中的跳高冠军。接下来，实验者再次把这些跳蚤放进杯子里，不过这次是立即在杯上加了一个玻璃罩，“嘣”的一声，跳蚤重重地撞在玻璃罩上。一次次被撞，跳蚤开始根据玻璃罩的高度来调整自己所跳的高度。经过一段时间，这些跳蚤再也不会撞击到这个玻璃罩，而是在罩下自由地跳动。

第二天，实验者开始把玻璃罩轻轻拿掉，跳蚤不知道玻璃罩已经去掉了，还是按原来的那个高度继续跳。3天以后，实验者发现这些跳蚤还按原来的高度跳。一周以后发现，那些可怜的跳蚤还在这个玻璃杯里不停地跳着——其实它们已经无法跳出这个玻璃杯了。它们已从一个跳蚤变成了一个可悲的爬蚤！

生活环境使跳蚤迷失了自我，忘记了自己是善跳的跳蚤。这是多么可怕的事实啊！玻璃罩已经罩在跳蚤的潜意识里，罩在了跳蚤心灵上，行动的欲望和潜能被扼杀了。科学家把这种现象叫作“自我设限”。

现实生活中的人有些时候也是这样。明明接近成功的事情，却不断在心里对自己说：成功是不可能的，这是没有办法做到的。这是人无法取得伟大成就的根本原因之一。

我们应该这样告诫自己：千万不要自我设限，把自己框定在一个特定的范围内，只有打破限制，我们才能有所超越。

我们心中唯一的限制，就是我们为自己设置的那个局限。高度并非无法超越，只是我们无法超越自己思想的限制，更没有人束缚我们，只是我们自己束缚了自己。有句话说得好，“心有多大舞台就有多大”。如果你的心已经被束缚，那么，你只能看到小小的一片天空。如果放飞思绪，也许未来是一片宽广的舞台。

当我们决定严肃地面对自己当下的生活追逐心中梦想时，既不能好高骛远，也不可以妄自菲薄。更不能因为一次两次的失败而否定了自己，使得自己陷入了自我限制的怪圈之中。没有人可以看轻你的能力，除了你自己。你所能争取的生活，不是别人能够给你的评价，而是你自己对生活所能尽力的争取。

这个世界属于勇于去创造、去突破的人，即使面对框架，我们也应该努力想办法去摆脱现实生活的束缚，营造一个全新的自我。这样才能在现有的基础上充分发掘自己的潜能，使得真正的自我得到展现。也许在创造和突破的过程中你会发现一个不一样的人，从而使自己的人生之路走得更加辉煌，更加绚烂！

跳出框架，更客观地看待现在的自己，用全新的视角审视自己，你才能拥有更广阔的未来。这世界本来就没有固定形成的模式，不断地突破自我，便能找到真正适合自己的道路。“拾人牙慧”只能固于一方，“上下求索”才能自我突破。爱拼才会赢，即便是一条崭新的路，也能留下不同寻常的足迹，从而拥有非同一般的人生。这是生活颠扑不破的真理，也是每个用心奋斗追逐的人所青睐的信条。

## 活得漂亮的人，才能得到命运的偏爱

为什么有些人就是比其他的人更成功，赚更多的钱，拥有不错的工作、良好的人际关系、健康的身体，整天快快乐乐，拥有高品质生活;而另一些人忙忙碌碌却只能维持生计?

人与人之间并没有多大的区别。但为什么有许多人能够获得成功，能够克服万难去建功立业，有些人却不行?

心理学家发现，这个秘密就是人的“态度”。

一位哲人说：“你的态度就是你真正的主人。”

一位伟人说：“要么你去驾驭生命，要么是生命驾驭你。你的态度决定谁是坐骑，谁是骑手。”

大概是40多年前，南非一个贫穷的村子里，住着兄弟两人。和许多人一样，他们不安于穷困的环境，便想离开家乡，于是他们偷渡到了国外。

大哥幸运些，来到了富庶的旧金山，弟弟却去了当时极为贫穷的菲律宾。

40年后，兄弟俩又幸运地聚在一起。这时的他们，已今非昔比了。

做哥哥的，当了旧金山的侨领，拥有两间餐馆、两间洗衣店和一间杂货铺，而且子孙满堂。

弟弟呢?居然成了一位享誉金融界的银行家，还拥有许多的山林和橡胶园。

经过几十年的努力，他们都成功了。

兄弟相聚，不免谈谈分别以后的遭遇。

哥哥说：“我们黑人到白人的社会，既然没有什么特别的才干，唯有用一双手可以煮饭给白人吃，为他们洗衣服。总之，白人不肯做的工作，我们黑人统统顶上了，生活是没有问题的，但事业却不敢奢望了。像我的子孙，书虽然读得不少，也不敢妄想，只有安分守己地去从事一些中层的技术性工作来谋生。至于要进入白人上层社会，相信很难办到。”

看见弟弟这般成功，做哥哥的不免感叹弟弟的幸运。

弟弟说：“幸运是没有的。初来菲律宾的时候，做些低贱的工作，但发现当地很有商机，于是便接下他们放弃的事业，慢慢地不断收购和扩张，生意便逐渐做大了。”

只要你有良好的、积极的态度，你也可以像故事中的非洲兄弟那样，改变自己的命运，获取成功。

拿破仑·希尔认为一个人是否成功，就看他的态度!成功人士与失败者之间的差别是：成功人士始终用最积极的思考，最乐观的精神和最辉煌的经验支配和控制自己的人生。失败者刚好相反，他们的人生是受过去的种种失败与疑虑所引导和支配的。

有些人总喜欢说，他们现在的境况是别人造成的，环境决定了他们的人生位置。但是，我们的境况不是周围环境造成的。说到底，如何看待人生，由我们自己决定。纳粹德国集中营的一位幸存者维克托·弗兰克尔说过："在任何特定的环境中，人们还有一种最后的自由，就是选择自己的态度。"

巴布科克说："最常见同时也是代价最高昂的一个错误，是认为成功有赖于某种天才、某种魔力、某些我们不具备的东西。"可是成功的要素其实掌握在我们自己手中，成功是正确思维的结果。一个人能飞多高，并非由人的其他因素，而是由他自己的态度所决定的。

我们的态度在很大程度上将决定自己的命运。如果你想改变受折磨的命运，那就赶快改变你的态度吧。

## 成功，源自你对生活的态度

很多人都认为自己是生活中某一领域的失败者。很多人步入社会后更是经常提及这样一些问题，也经常讨论这些问题，比如：

"我为什么要不断地调整态度呢?"

"我为什么没有取得我打算要取得的成功呢?"

"你认为我最大的长处是什么?"

“我从来就未曾真正有过一个奔向美好前程的机会。你知道，我的家庭环境很糟。”

“我是在农村长大的，从你的社会结构中绝对领会不到那种生活。”

“我只受过小学教育，我们家很穷。”

“我机遇不好。”

……

他们所给出的理由无一例外地都是些关于自己失败的客观原因和悲剧性的故事。

实质上，这些人都在说明：世界给了他们不公平的待遇。他们是在责备他们身外的世界和境况，责备他们的遗传和身世。

其实，他们之所以得出这样的结论并不能完全怪他们，完全是因为没有人指出他们这样的病根所在，长期以来他们都处于一种不良的消极的态度之中。

正是由于这种态度，使他们看起来是那样的可怜。

态度不仅决定专业人员的事业高度，也会决定其他工作者的价值。“现在专业知识很容易就可以学到，甚至在网络上就可以学到，态度已经成为决定员工价值的关键。”台湾飞利浦人力资源中心副总经理林南宏肯定地指出。

可以看到诸多的青年人宁可沉溺于无所事事的状况中，尽管他们也意识到自己这种做法对自己的发展没有好处，但是他们就是不肯去改变。诸多的白领上班族不愿改变态度，让自己空有学历、能力的优势，放弃态度的金钥匙，在职场里浮沉，甚至沦为失业大军的一员。

他们为什么会这样？因为他们丢失了热情。

当一个人的心被懒惰与麻木所占据时，他就会处于绝望与消极的状态，尽管他能意识到自己必须改变，但是他却没有使自己的“态度”行动起来。如果他有着战胜困难、活出自己、不让自己窝囊的心态时，他就会燃烧起心中的热情，继而产生强大的动力，“态度”便有了行动。

实际上，成功源自你对生活的态度，只要你持有良好的态度，即使你的能力稍差，你也可以通过勤奋和敬业弥补，只要你能持之以恒，你的能力就会很快提高，成功也不会太远了。

拥有积极的态度吧，无论现在的生活怎么样，只要你的态度良好，你很快就会取得成功。

我们无法选择命运给我们的安排，从出生那一天开始，在或贫穷或富贵的环境中成长，没得选择；或天生的聪慧过人或愚钝难教化，没得选择；一生中更可能是富贵荣华、平步青云或平淡无奇或坎坷起落不平，没的选择。

但我们可以选择对待和接受命运的态度。既然冥冥之中命运已安排了我们有这样或那样的人生际遇，又何必为那些难以扭转的东西或喜或悲呢？既然已注定一切难遂心愿，又何苦再做自我的折磨呢？

事实上，因为有着不同的生活背景，对生活的不同感悟，我们已经有了先入为主的态度，或是偏执激进或平和豁达或其他，而我们这些态度，多是因为条件反射形成的，一个饱尝过人情冷暖的人，你去跟他讲人间皆美好，他会信吗？一个一生平顺的人，你去跟他讲世间多磨难，他能体会吗？一个经历过不公平对待的人，你跟他讲世间皆公平，他信吗？一个为几文钱而伤透脑筋的人，你去讲钱财如粪土，他信吗？

先天的态度可能会朝着一个方向的进行极端发展，大概只有我们本人才知道我们为自己的个性付出了什么代价。当我们恃才傲物不可一世时，我们不知自己何时起已变成了孤家寡人；当我们以为自己的观点最有说服力，发现自己口舌用尽也没能扭转别人；当我们很激进地去表达自我时，别人早已退避三舍了。

把握好你的态度，因为自己最终能否成功，很大程度上取决于你的态度。

第三章

# 做自己的英雄，让人生拥有一切可能

## 不要轻易动摇，别把未来轻易输掉

并不是每一个贝壳都可以孕育出珍珠，也不是每一粒种子都可以萌生出幼芽，流水也会干涸，高山也可崩塌，而自信的人，可以在纷乱红尘中自由驰骋，游刃有余。

凡是自信的人都具有独立思考的能力以及忍辱负重的耐力，以智慧判断出自己所需要的东西，树立正确的理想并且为之奋斗。人的一生，只有为自己作出了准确定位，放稳了自己的脚步，才能做到有目的而不盲从，遇挫折而不退缩，才能活出生命的意义。

沙粒之所以能成为珍珠，只是因为它有成为珍珠的信念。芸芸众生都只是一粒粒平凡的沙子，但只要怀有成为珍珠的信念，就能长成一颗颗珍珠。很久以前，有一个养蚌人，他想培养一颗世上最大最美的珍珠。

他去海边沙滩上挑选沙粒，并且一颗一颗地问那些沙粒，愿不愿意变成珍珠。那些沙粒一颗一颗都摇头说不愿意。养蚌人从清晨问到黄昏，他都快要绝望了。

就在这时，有一颗沙粒答应了他。

旁边的沙粒都嘲笑起那颗沙粒，说它太傻，去蚌壳里住，远离亲人、朋友，见不到阳光、雨露、明月、清风，甚至还缺少空气，只能与黑暗、潮湿、寒冷、孤寂为伍，不值得。

可那颗沙粒还是无怨无悔地随着养蚌人去了。

斗转星移，几年过去了，那颗沙粒已长成了一颗晶莹剔透、价值连城的珍珠，而曾经嘲笑它傻的那些伙伴们，依然只是一堆沙粒，有的已风化成土。也许你只是众多沙粒中最最平凡的一粒，但只要你有要成为珍珠的信念，并且忍耐着、坚持着，当走过黑暗与苦难的长长隧道时，你就会惊讶地发现，在不知不觉中，你已长成了一颗珍珠。每颗珍珠都是由沙子磨砺出来的，能够成为珍珠的沙粒都有着成为珍珠的坚定信念，并为之无怨无悔。

很多人都曾有过怀才不遇的感觉，自认为自己的才华未得到别人的认可，能力无处施展，这时候，不妨反观自身，以弥补自己的缺陷，使自己的满腔热情与自信在沉淀之后变得更加坚韧。

其实，人最佳的心态莫过于能屈能伸，既要有成为珍珠的信念，也要在信念的实现过程中承受必要的压力，甚至屈辱。在现实生活中，有的人会“为了理想把侮辱当饭吃”，还有的人会为了坚持理想，不惜忍辱负重。这些人的做法，在很多人看来，是无法理解的。也许他们认为自己的行为有意义，因而不在意别人的侮辱，一心一意只为了实现理想。

我们常常将理想比作前行路上的灯塔，即使海面波浪翻滚，狂风暴雨，依然能够为船只照亮前行的方向，这理想即是信念，更是智慧的导航。

## 我们真正恐惧的其实只是恐惧本身

自卑使他们不敢主动与人交往，不敢在公共场合发言，消极应付工作和学习，不思进取。古人说，“有长必有短，有明必有暗”，所以每个人都是一样的，人人都有自卑的一面。而在通往成功的路上，只有战胜自卑，才能成为一个自信的成功者。米勒太太年纪轻轻就已经是有作品出版的作家，可是仍然举止笨拙，常感自卑。她有点儿胖，因此她总是觉得衣服穿在别人身上比较好看。她在赴宴会之前要打扮好几个小时，可是一走进宴会厅就会感到自己一团糟，总觉得每个人都在对她评头论足，在心里耻笑她。

有一天晚上，米勒太太忐忑不安地去参加一个宴会，在门外碰见一位年轻女士。“你也是要进去的吗？”“大概是吧，”她扮了个鬼脸，“我一直在附近徘徊，想鼓起勇气进去，可是我很害怕。我总是这样子的。”“为什么？”米勒太太在灯光下看看她，觉得她很漂亮。“我也害怕得很。”米勒太太坦言，她们都笑了，不再那么紧张。她们走向人声嘈杂的地方。米勒太太的紧张心理油然而生。“你没事吧？”她悄悄问道。这是她生平第一次心不在自己身上，而在另一个人身上。这对她自己也有帮助，她们开始和别人谈话，米勒太太开始觉得自己是这群人中的一员，不再是个局外人。

在回家的路上，米勒太太和她的新朋友谈起各自的感受。“觉得怎么样？”“我觉得比先前好多了，米勒太太。”“我也如此，因为我们并不孤独。”米勒太太想：这句话说得真对！我以前觉得孤立，认为世界其余的人都自信十足，可是如今遇到了一个和自己同样自卑的人，之前我让不安全感吞噬了，根本不会去想别的。现在我得到了另一个启示：会不会有很多人看来谈笑风生，但实际上心中也忐忑不安？米勒太太想起本地报馆那个态度无礼的编辑来，那个编辑似乎总是对她不冷不热的，问他问题，他只草草答复。米勒太太觉得他的目光永远不和自己的目光接触，她总觉得他不喜欢自己，现在，米勒太太怀疑会不会是他怕自己不喜欢他。

第二天去报馆时，米勒太太深吸一口气，对那位编辑说：“你好，安德森先生，见到你真高兴！”米勒太太微笑着。以前，她习惯一面把稿子丢在他桌上，一面低声说道：“我想你不会喜欢它。”这一次米勒太太改口道：“我真希望你喜欢这篇稿子，你的工作一定非常吃力。”“的确吃力。”那位编辑叹了口气。米勒太太没有像往常那样匆匆离去，她坐了下来。米勒太太问起他的家人，那位编辑露出了微笑，严峻的脸变得柔和起来。米勒太太感到自己自在多了。

哈佛大学拉德克利夫女子学院的海伦·凯勒说：“对于凌驾于命运之上的人来说，信心是命运的主宰。”自卑就是一种过多的自我否定而产生的自我贬低的情绪体验，是一种认为自己在某些方面不如他人的自我意识和自己瞧不起自己的消极心理，是由主观和客观原因造成的。长期被自卑情绪笼罩的人，一方面感到自己处处不如别人，一方面又害怕别人瞧不起自己，逐渐形成了敏感多疑、胆小孤僻等不良的个性特征。就像最初的米勒太太那样。

## 懦夫向命运低头，强者则向命运挑战

人生总是会遇到不顺的情况，很多人处于不利的困境时总期待借助别人的力量改变现状，殊不知，在这个世界上，最可靠的人不是别人，而是你自己，为何总想着依赖别人，而不是依赖自己呢？在这个世界上，你要勇敢地做你自己的上帝，因为，你的命运只能由你自己来主宰。

从事个性分析的专家罗伯特·菲利浦有一次在办公室接待了一位因自己开办的企业倒闭、负债累累、离开妻女四处为家的流浪者。那人进门打招呼说："我来这，是想见见这本书的作者。"说着，他从口袋里拿出一本名为《自信心》的书，那是罗伯特多年前写的。流浪者说："一定是命运之神在昨天下午把这本书放入我的口袋里的，因为我当时决定跳入密歇根湖，了此残生。我已经看破一切，认为一切已经绝望，所有的人(包括上帝在内)已经抛弃了我。但还好，我看到了这本书，它使我产生了新的看法，为我带来了勇气及希望，并支持我度过昨天晚上。我已下定决心，只要我能见到这本书的作者，他一定能协助我再度站起来。现在，我来了，我想知道你能替我这样的人做些什么。”

在他说话的时候，罗伯特从头到脚打量着这位流浪者，发现他眼神茫然、神态紧张。这一切都显示，他已经无可救药了，但罗伯特不忍心对他这样说。因此，罗伯特请他坐下，要他把自己的故事完完整整地说出来。

听完流浪汉的故事，罗伯特想了想，说：“虽然我没有办法帮助你，但如果你愿意的话，我可以介绍你去见一个人，他可以帮助你赚回你所损失的钱，并且协助你东山再起。”罗伯特刚说完，流浪汉立刻跳了起来，抓住他的手，说道：“看在上天的分上，请带我去见这个人。”

他会为了“上天的分”而提此要求，显示他心中仍然存在着一丝希望。所以，罗伯特拉着他的手，引导他来到从事个性分析的心理试验室，和他一起站在一块窗帘之前。罗伯特把窗帘拉开，露出一面高大的镜子，罗伯特指着镜子里的流浪汉说：“就是这个人。在这个世界上，只有这个人能够使你东山再起，除非你坐下来，彻底认识这个人——当作你从前并未认识他——否则，你只能跳到密歇根湖里。因为在你对这个人未作充分的认识之前，对于你自己或这个世界来说，你都将是一个没有任何价值的废物。”

流浪汉朝着镜子走了几步，用手摸摸他长满胡须的脸孔，对着镜子里的人从头到脚打量了几分钟，然后后退几步，低下头，开始哭泣起来。过了一会儿，罗伯特领他走出电梯间，送他离去。

几天后，罗伯特在街上碰到了这个人。他不再是一个流浪汉形象，他西装革履，步伐轻快有力，原来的衰老、不安、紧张已经消失不见。他说，感谢罗伯特先生让他找回了自己，并很快找到了工作。

后来，那个人真的东山再起，成为芝加哥的富翁。

人要勇敢地做自己的上帝，因为真正能够主宰自己命运的人就是自己，当你相信自己的力量之后，你的脚步就会变得轻快，你就会离成功的目标越来越近。只有做自己的上帝，你才能充分发挥你自身的潜能。如果你还在等待别人的帮助，那就在这一刻改变吧。

从21世纪人才的竞争来看，社会对人才素质的要求是很高的，除了具备良好的身体素质和智力水平，还必须具备生存意识、竞争意识、科技意识，以及创新意识。这就要求我们从现在开始注重对自己各方面能力的培养，只有使自己成为一个全面的、高素质的人，才可能在未来的竞争中站稳脚跟，取得成功。

人若失去自我，是一种不幸；人若失去自主，则是人生最大的缺憾。赤、橙、黄、绿、蓝、靛、紫，每个人都应该有自己的一片天地和特有的亮丽色彩。你应该果断地、毫无顾忌地向世人宣告并展示你的能力、你的风采、你的气度、你的才智。在生活的道路上，必须自己做选择，不要总是踩着别人的脚印走，不要总是听凭他人摆布，而要勇敢地驾驭自己的命运，调控自己的情感，做自己的主宰，做命运的主人。

善于驾驭自我命运的人，是最幸福的人。只有摆脱了依赖，抛弃了拐杖，具有自信、能够自主的人，才能走向成功。自立自强是走入社会的第一步，是打开成功之门的金钥匙。

真正的自助者是令人敬佩的觉悟者，他会藐视困难，而困难也会在他面前轰然倒地。

行动起来，因为只有你自己才能真正帮助自己。依赖别人，不如期待自己。

## 最该肯定你的不是别人，而是自己

英国著名政治改革家和道德家塞缪尔·斯迈尔斯认为，一个人必须养成肯定事物的习惯。如果不能做到这一点，即使潜在意识能产生更好的作用，仍旧无法实现愿望。与肯定性的思考相对的，就是否定性的思考，凡事以积极的方式即是肯定，而以消极的方式则是否定。

人类的思考容易向否定的方向发展，所以肯定思考的价值愈发重要。如果经常抱着否定的想法，必然无法期望理想人生的降临。有些人嘴里硬说没有这种想法，事实上已经受到潜在意识的不良影响了。

有些人经常否定自己，“凡事我都做不好”，“人生毫无意义可言，整个世界只是黑暗”，“过去屡屡失败，这次也必然失败”，“没有人肯和我结婚”，“我是个不善交际的人”……持这类想法的人，生活往往不快乐。

当我们问及此种想法由何产生，得到的回答多半是：“这是认清事实的结果。”尤其是忧郁者，他们会异口同声地说：“我想那是出于不安与忧虑吧!我也拿自己没办法。”然而，换一个角度去想，现实并不如你所想象的那么糟，例如有些人会想：“我虽然一无是处，但也过得自得其乐，不是吗？”

肯定自我，有了乐观而积极的想法，你才会找到新的人生方向和意义。诸如失恋、失业之类的残酷事实，有时会不可避免地发生，但千万不要因此而绝望地否定自己，从此一蹶不振。肯定思考不涉及任何意念智慧的高低，而全赖思考的层面而定，亦即对于事物所思考的结果。

当人处于绝望状态时，更应肯定思考，如在人生遭遇悲惨的时刻告诉自己：“与其呼天唤地，不如以积极的态度来面对。”俩兄弟相伴去遥远的地方寻找人生的幸福和快乐。他们一路上风餐露宿,在即将到达目的地的时候,遇到了一条风急浪高的大河,而河的彼岸就是幸福和快乐的天堂。关于如何渡过这条河,两个人产生了不同的意见,哥哥建议采伐附近的树木造成一条木船渡过河去,弟弟则认为无论哪种办法都不可能渡得了这条河,与其自寻死路,不如等这条河流干了,再轻轻松松地走过去。

于是,建议造船的哥哥每天砍伐树木,辛苦而积极地制造木船，同时也学会了游泳;而弟弟则每天躺在床上睡觉,然后到河边观察河水流干了没有。直到有一天,已经造好船的哥哥准备扬帆的时候,弟弟还在讥笑他的愚蠢。

不过,哥哥并不生气,临走前只对弟弟说了一句话：“你没有去做这件事，怎么知道它不会成功呢？”

能想到等河水流干了再过河,这确实是一个“伟大”的创意,可惜这是个注定永远失败的创意。这条大河终究没有干枯,而造船的哥哥经过一番风浪最终到达彼岸,俩人后来在这条河的两岸定居了下来,也都有了自己的子孙后代。河的一边叫幸福和快乐的沃土,生活着一群我们称之为积极思考的人;河的另一边叫失败和失落的荒地,生活着一群我们称之为消极空虚的人。积极和消极这两种截然相反的心态会带给人们巨大的反差。如果以消极的态度来对待一件事，这种态度就决定了你不能出色地完成任务；只有以积极的态度来对待，你才能出色地、超乎寻常地完成这件事。当然，持有消极心态的人并非完全不能转变成一个具有积极心态的人。

总之，任何事物都有两面性，至于我们所知所欲的境地，其实都是基于自己将意愿刻印在潜意识中的结果之故。如果对此一味悲哀，或无所适从，不但无法改变目前状况，也很难实现人生理想。所以说，即使身处绝境，仍应保持肯定的思考态度，积极的思考能使你集中所有的精力去成就一番事业。

## 有一种失败，叫输给了自己

自卑就是对自己的抱怨。抱怨自己，就会在士气上削减自己的能量，使自己变得更加懦弱，更加没有信心。

自卑的人，情绪低沉，郁郁寡欢，常因害怕别人看不起自己而不愿与人来往，只想与人疏远，缺少朋友，顾影自怜，甚至自疚、自责、自罪；自卑的人，缺乏自信，优柔寡断，毫无竞争意识，抓不住稍纵即逝的机会，享受不到成功的乐趣；自卑的人，常感疲劳，心灰意懒，注意力不集中，工作没有效率，缺少生活情趣。

如果一个人总是沉迷在自卑的阴影中，那无异于给自己套上了无形的枷锁。但是如果能够认清自己，懂得换个角度看待周围的世界和自己的困境，那么许多问题就会迎刃而解了。

一位父亲带着儿子去参观梵·高故居，在看过那张小木床及裂了口的皮鞋之后，儿子问父亲：“梵·高不是位百万富翁吗？”父亲答：“梵·高是位连妻子都没娶上的穷人。”

第二年，这位父亲带儿子去丹麦，在安徒生的故居前，儿子又困惑地问：“爸爸，安徒生不是生活在皇宫里吗？”父亲答：“安徒生是位鞋匠的儿子，他就生活在这栋阁楼里。”

这位父亲是一个水手，他每年往来于大西洋的各个港口；这位儿子叫伊东布拉格，是美国历史上第一位获普利策奖的黑人记者。20年后，在回忆童年时，他说：“那时我们家很穷，父母都靠卖苦力为生。有很长一段时间，我一直认为像我们这样地位卑微的黑人是不可能有什么出息的。好在父亲让我认识了梵·高和安徒生，这两个人告诉我，上帝没有轻看卑微。”

富有者并不一定伟大，贫穷者也并不一定卑微。上帝是公平的，他把机会放到了每个人面前，自卑的人也有相同的机会。

自卑常常在不经意间闯进我们的内心世界，控制着我们的生活，在我们有所决定、有所取舍的时候，向我们勒索着勇气与胆略；当我们碰到困难的时候，自卑会站在我们的背后大声地吓唬我们；当我们要大踏步向前迈进的时候，自卑会拉住我们的衣袖，叫我们小心地雷。一次偶然的挫败就会令你垂头丧气，一蹶不振，将自己的一切否定，你会觉得自己一无是处，窝囊至极，你会掉进自罪的旋涡。

自卑就像蛀虫一样啃噬着你的人格，它是你走向成功的绊脚石，它是快乐生活的拦路虎。如果一个人很自卑，那他不仅不会有远大的目标，他也永远不会出类拔萃。

自卑是一种压抑，一种自我内心潜能的人为压抑，更是一种恐惧，一种损害自尊和荣誉的恐惧，所以，我们只有比别人更相信并且珍爱自己，我们才能发挥自己最大的潜力，开创出属于自己的天地。

## 心不跛，就会走出平坦路

对尚未到来的事情，不要总是表现出忐忑不安，而是要心存盼望地看待未来。因为有时候，命运会受控于我们的思想，如果自己希望发生好的事情，那么就可能发生好的事情，但是如果自己一直都在恐惧和不安中度过，那么很可能命运就会顺从你的意愿，给你安排更多的苦难和不幸。

她只是一个平凡而普通的妇人。1937年她丈夫死了，她觉得非常颓丧，而且她几乎一文不名。她写信给她以前的老板李奥罗区先生，请他让她回去做她以前的工作。她以前靠推销《世界百科全书》过活。两年前，她丈夫生病的时候，她把汽车卖了，现在她勉强凑足钱，分期付款才买了一部旧车，又开始出去卖书。

她原本想，再回去做事或许可以帮她摆脱困境。可是要一个人驾车，一个人吃饭，这几乎令她无法忍受。有些区域简直就做不出什么成绩来，虽然分期付款买车的数目不大，她却很难付清。

1938年的春天，她在密苏里州的维沙里市，看到那里的学校条件都很差，路又很坏，很难找到客户，她一个人又孤独又沮丧，有一次甚至想要自杀。她觉得成功是不可能的，活着也没有什么希望。每天早上她都很怕起床面对生活。她什么都怕，怕付不出分期的车款，怕付不出房租，怕没有足够的东西吃，怕她的健康状况变糟而没有钱看医生。让她没有自杀的唯一理由是，她担心她的姐姐会因此而觉得很难过，而且她的姐姐也没有足够的钱来支付自己的丧葬费用。

然而有一天，她读到一篇文章，使她从消沉中振作起来，使她有勇气继续活下去。她永远感激那篇文章里那一句很令人振奋的话："对一个聪明人来说，太阳每天都是新的。"她把这句话打印下来，贴在车子前面的挡风玻璃上，这样，在她开车的时候，就能看见这句话。她发现每次只活一天并不困难，她学会忘记过去，每天早上都对自己说："今天又是新的一天。"

她成功地克服了对孤寂的恐惧和对生存的恐惧。她现在很快活，并对生命保持着热忱和爱。她现在知道，不论在生活上碰到什么事情，都不要害怕；她现在知道，不必惧怕未来；她现在知道，只要活一天，而"对一个聪明人来说，太阳每天都是新的"。

在日常生活中可能会碰到令人兴奋的事情，也同样会碰到令人消极的、悲观的事情，这本来是正常现象，如果我们的思维总是围着那些不如意的事情，就很容易失去前进的动力。因此，我们应尽量做到脑海想的、眼睛看的，以及口中说的都应该是光明的、乐观的、积极的，相信每天的太阳都是新的，明天又是新的一天，发扬向前看的精神才能使我们在事业中获得成功。

古希腊诗人荷马曾说过：“过去的事已经过去，过去的事无法挽回。”泰戈尔在《飞鸟集》中也写道：“只管走过去，不要逗留着去采了花朵来保存，因为一路上，花朵会继续开放的。”的确，昨日的阳光再美或者风雨再大，也移不到今日的画册，我们为何不好好把握现在，充满希望地面对未来呢？

## 宁可败给别人，也不能输给自己

世上大部分不能走出生存困境的人都是因为对自己信心不足，他们就像一棵脆弱的小草一样，毫无信心去经历风雨，这就是一种可怕的自卑心理。所谓自卑，就是轻视自己，自己看不起自己。自卑心理严重的人，并不一定是其本身具有某些缺陷或短处，而是不能悦纳自己，总是自惭形秽，常把自己放在一个低人一等，不被自我喜欢，进而演绎成别人也看不起自己的位置，并由此陷入不能自拔的痛苦境地，心灵笼罩着永不消散的愁云。

湖南有一位大学生，毕业后被分配在一个偏远闭塞的小镇任教。看着昔日的同窗有的分配到大城市，有的分配到大企业，有的投身商海。而他充满梦想的象牙塔坍塌了，烦琐的现实，好似从天堂掉进了地狱。自卑和不平衡油然而生，从此他不愿与同学或朋友见面，不参加公开的社交活动。为了改变自己的现实处境，他寄希望于报考研究生，并将此看做唯一的出路。但是，强烈的自卑与自尊交织的心理让他无法平静，在路上或商店偶然遇到一个同学，都会好几天无法安心，他痛苦极了。为了考试，为了将来，他每每端起书本，却又因极度的厌倦而毫无成效。据他自己说："一看到书就头疼。一个英语单词记不住两分钟；读完一篇文章，头脑仍是一片空白。最后连一些学过的常识也记不住了。我的智力已经不行了，这可恶的环境让我无法安心，我恨我自己，我恨每一个人。"

几次失败以后他停止努力，荒废了学业，当年的同学再遇到他，他已因过度酗酒而让人认不出了。

一个怀有自卑情结的人，往往坐失良机。当大好的人生机遇出现在眼前时，自卑者往往不敢伸手一抓，不敢奋力一搏。未战心先怯，白白贻误良机。

更重要的是，具有自卑情结，会造成人格和心理的卑怯，不敢面对挑战，不敢以火热的激情拥抱生活，而是卑怯地自怨自哀。久而久之，积卑成"病"，失去应有的雄心和志气。

我们如何克服自卑，建立真正的自信?一定要根据自身的条件，横扫身上的一切自卑情结。这是非常重要的。任何人都有自卑情结，或轻或重。包括任何一个伟大的人在内，每个人都有自卑情结。如何对待自卑情结是成功者和失败者、人生完整者和不完整者的区别。

自卑情结有的时候可以转化为巨大的动力，有的时候可能转化为巨大的消极因素，关键看你如何对待它。这种转化就是把自卑转化为自信。

观念一旦转变，自卑就变成自信了。

一切靠自己打天下，谋身立命，创建生活，这是一个多么骄人的品格。当你有了一个成功的人生时，这是你值得回顾的一个人生体验。对于一个有点心理障碍，有点缺陷就自卑的人，可以告诉他：不必自卑。当你战胜了这些心理障碍，你肯定比别人富有。因为你对心理的体验能力绝对要比其他人更深刻，你有了解自己心理和了解别人心理的能力，消除了自卑，缺陷反而促成了你的成功。

## 把所追求的，变成所拥有的

拿破仑·希尔博士说：“成也积极，败也积极，进也积极，退也积极，永远积极。”只有拥有积极进取的心，你才有可能抓住稍纵即逝的机会，如果你一味消极避世，怨天尤人，那么就算机会放在你的手边，你也抓不住它。又何谈改变不顺的现状呢？

有一天，约翰去拜访毕业多年未见的老师。老师见了约翰很高兴，就询问他的近况。

这一问，引发了约翰一肚子的委屈。约翰说：“我对现在做的工作一点都不喜欢，与我学的专业也不相符，整天无所事事，工资也很低，只能维持基本的生活。”

老师吃惊地问：“你的工资如此低，怎么还无所事事呢?”

“我没有什么事情可做，又找不到更好的发展机会。”约翰无可奈何地说。

“其实并没有人束缚你，你不过是被自己的思想抑制住了，明明知道自己不适合现在的位置，为什么不去再多学习其他的知识，找机会自己跳出去呢?”老师劝告约翰。

约翰沉默了一会说：“我运气不好，什么样的好运都不会降临到我头上的。”

“你天天在梦想好运，而你却不知道机遇都被那些勤奋和跑在最前面的人抢走了，你永远躲在阴影里走不出来，哪里还会有什么好运。”老师郑重其事地说，“一个没有进取心的人，永远不会得到成功的机会。”

约翰之所以碌碌无为，就在于他把积极的心放在了别处。如果他能把积极进取常放心头，他的人生怎么会如此平庸?

一块有磁性的金属，可以吸起比它重1倍的物体，但是如果你除去这块金属的磁性，它甚至连轻如羽毛的东西都吸不起来。同样地，人也有两类：一类是有磁性的人，他们充满了信心和信仰，他知道他们天生就是个胜利者、成功者；另外一类人，是没有磁性的人，他们充满了畏惧和怀疑。机会来时，他们却说：“我可能会失败，我可能会失去我的钱，人们会耻笑我。”这一类人在生活中不可能会有成就，因为他们害怕前进，他们就只能停留在原地。

生活中，拥有一颗积极进取的心，比什么都重要。

## 出身好是优势，活得好靠本事

爱默生说：“这世界只为两种人开辟大路：一种是有坚定意志的人，另一种是不畏惧阻碍的人。”

他又说：那些“紧驱他的四轮车到星球上去”的人，倒比在泥泞道上追踪蜗牛行迹的人，更容易达到他的目的呢!

的确，一个意志坚定的人，是不会恐惧艰难的。尽管前面有阻挡他前进的障碍物，也不能阻止住他。意志坚定的人会排除这个障碍物，然后继续前进。尽管路上有使人跌倒的滑石，但它只能使他人跌倒，意志坚定的人，行进时脚底步步踏实，滑石也奈何不得他。

自信是成功之源!只要我们有自信，便能充分发挥才能，使精力加倍。

一个人的自信力，能够控制他自己的生命，并能将他的“信念”坚强地运行下去。这不愧是一个有能力的人，能够担负起艰巨的责任，这样的人才是可靠的。

如果一个人能够了解坚定的力量，能够把他所希望的东西在心里牢牢地把握住，然后向着理想目标艰苦不懈地努力，那么，他一定可以排除种种的不幸与困难，达到理想中的最高峰。

乔丹，全世界最威名远扬的篮球巨星，他以无与伦比的球艺树立起了世界级篮球艺术大师的形象。每周至少有1000多封洋溢着火热之情的信件飞往乔丹的家中。乔丹这个名字如同一个真实的神话，成为全世界青年人津津乐道的话题。

乔丹为什么能折服全世界那么多的人呢?那就是他变幻莫测、精彩绝伦的技艺，临场表现出的那份果敢与自信。换个角度说，是他非凡的自信心、超人的勇气以及果断的个性，使得他每一场球都打得变幻莫测、精彩绝伦。

1982年，异军突起的北卡罗来纳大学与老牌劲旅乔治敦队进行全美大学生篮球联赛(NCAA)冠亚军决赛。那天晚上，新奥尔良“超顶”体育馆内坐满了61000名观众。上半场，有些紧张的乔丹表现平平。下半场，乔丹犹如苏醒的睡狮，成为全场的焦点。在北卡大学队最后5个投中的球中，乔丹一人投中3个，还有2个球是他从对手手上“偷”来的。在离比赛结束还剩32秒时，北卡队落后一分，乔治敦队以密集防守将北卡队堵在外围。教练决定将这个胜负的机会交给乔丹。在几番倒手后，乔丹面前出现一个空当，在离篮板17英尺(约5.18米)的地方，乔丹果断地射出了手中的篮球，球像一道彩虹一样越过了对手的头顶上方，飞进篮网。那一夜，迈克尔·乔丹这个名字飞向全美，乔丹开始迅速走红。

乔丹说:“如果有一次你猝不及防地跳起投篮，结果球应声入网，那么你就能一直这样打下去。你有了信心，因为你成功过。”

在1997年的一次比赛中，乔丹当时正处在令人难以忍受的

38℃高烧中，他没有顾及这一点，果断地做出决定：上场，并且充满自信地上场。这次，他忍受着38℃高烧，仍以自身完美无瑕的篮球技艺征服了观众，取得最后一刻的胜利，上演了篮球史上最辉煌的一幕。这最后一刻，犹如没有对手的表演，更像是上苍的安排，那么精彩绝伦，那么完美无缺，充满自信地一球定乾坤，连好莱坞导演都无法做到。

乔丹所到之处都是人潮如涌，一位看不到球场只能看到大屏幕的球迷说："我毫无怨言，我回去以后可以坦坦荡荡地对别人说，乔丹打球时我也在场。"这就是飞人乔丹的魅力。

无论到哪里，碰上什么样的高手，也无论在每场比赛中处于什么样的处境，乔丹本人十分有意使自己随时保持一种自信的状态，在每一次比赛前他的准备几乎一成不变：寻找自信心，积蓄自信心。

我们不能说乔丹的成功完全取决于他的自信，但无疑，自信使他的球技更出神入化，使他的灵魂更加伟大。

一个人可以没有资本，可以没有地位，但他不能没有信心。如果连信心都没有，无论如何，这个人都不会有大成就，相反，如果拥有坚强的信心，即使现在身陷低位，也只是暂时的，坚强的信心终究会为他带来成功。

# 第四章

# 勇气面前，成功从不是一种高攀

## 所有的不可能，都因为你不敢做或不去做

很多人都喜欢看武侠小说，小说中经常会有一些练武的人在某一时刻终于打通了任督二脉，武学就上升到一种出入化境界。这是一种很好的象征，一个人只要突破自我，他的人生就能上升到另一种境界。

有一位年轻人去找心理学教授，他对大学毕业之后何去何从感到彷徨。他向教授倾诉诸多的烦恼：没有考上研究生，不知道自己未来的发展方向；女朋友将去一个人才云集的大公司，很可能会移情别恋……

教授让他把烦恼一个个写在纸上，判断其是否真实，一并将结果也记在旁边。

经过实际分析，年轻人发现其实自己真正的困扰很少，他看看自己那张困扰记录，不禁说："无病呻吟!"教授注视着这一切，微微对他点头。于是，教授说："你看到过章鱼吗？"年轻人茫然地点点头。

"有一只章鱼，在大海中本来可以自由自在地游动，寻找食物，欣赏海底世界的景致，享受生命的丰富情趣。但它却找了

个珊瑚礁，然后动弹不得，呐喊着说自己陷入了绝境，你觉得如何?”教授用故事的方式引导他思考。他沉默一下说：“您是说我像那只章鱼?”年轻人自己接着说：“真的很像。”

于是，教授提醒他：“当你陷入烦恼的习惯性反应时，记住你就好比那只章鱼，要松开你的八只手，让它们自由游动。系住章鱼的是自己的手臂，而不是珊瑚礁的枝丫。”

很多人都会像故事中的年轻人一样，无端地从内心生出诸多烦恼。其实，就像那位教授所说的那样，很多烦恼都是由章鱼自己造成的，只要松开手，你就能在水底自由游动。

在生活中，做每一件事，都有两道墙会出现在前方，一道是外显的墙，那是关于整个外部大环境的围墙；另一道是内隐的墙，这是我们心中自我设限的围墙。而决胜的关键往往在于我们心中的那一道墙。

很多人花费许多力气去找寻无法成功的原因，其实自我设限就是主因，因此人们常说：“自己是自己最大的敌人。”想要步向成功，自己就必须往前跨出步伐，勇于突破并且超越现状。

突破自我围墙最重要的一点就是面对现实，确实地了解自我并认清环境，在自我与环境中摸索出突破的方向，这必须列为最优先的考虑方向。

同时，审视自我优势、加强自我优势，当优势获得高度发挥后，你就会愈做愈有信心，成就感随之而来，你会愈来愈喜欢，做事的活力源源不绝而出。如此，当你遇到困难，不但不退缩，反而更能激起热情，愿意努力突破。

人们常常会怀疑，那些功成名就者为什么能够做到那些？事实上，成功的背后必然有其一定的道理。有些人看起来反应慢、不聪明，但他们知道自己的优势在何处，能够远离那不属于自己的领域，坚守、专注于自己的优势，所以他们最终能够成就事业，这并不是一件容易做到的事！

专注在自己认定有意义的事，透析自我与环境，加强自我优势，建立自信心，就能突破自我围墙，步向成功！

## 心中有了方向，才不会一路跌跌撞撞

一位美国哲人曾这样说过：“很难说世上有什么做不了的事，因为昨天的梦想，可以是今天的希望，并且还可以是明天的现实。”

梦想对一个人是很重要的，一个没有梦想的人，就像一个断了线的风筝一样，没有任何的方向和依靠；就像大海中一艘迷失了方向的船，永远都靠不了岸。

要想成功，必须有梦想，你的梦想决定了你的人生。

一位成功人士回忆他的经历时说：“小学六年级的时候，我考试得了第一名，老师送我一本世界地图，我好高兴，跑回家就开始看这本世界地图。很不幸，那天轮到我为家人烧洗澡水。我就一边烧水，一边在火炉边看地图，看到一张埃及地图，想到埃及很好，埃及有金字塔，有埃及艳后，有尼罗河，有法老王，有很多神秘的东西，心想长大以后如果有机会我一定要去埃及。

“看得入神的时候，突然有一个大人从浴室里冲出来，胖胖的围一条浴巾，用很大的声音跟我说：‘你在干什么?’我抬头一看，原来是我爸爸，我说：‘我在看地图!’爸爸很生气，说：‘火都熄了，看什么地图!’我说：‘我在看埃及的地图。’我父亲跑过来‘啪、啪’给我两个耳光，然后说：‘赶快生火！看什么埃及地图?’打完后，踢我屁股一脚，把我踢到火炉旁边去，用很严肃的表情跟我讲：‘我给你保证!你这辈子不可能到那么遥远的地方！赶快生火!’

“我当时看着我爸爸，呆住了，心想：‘我爸爸怎么给我这么奇怪的保证，真的吗？我这一生真的不可能去埃及吗?’20年后，我第一次出国就去了埃及，我的朋友都问我：‘到埃及干什么?’那时候还没开放观光，出国是很难的。我说：‘因为我的生命不要被保证。’

“有一天，我坐在金字塔前面的台阶上，买了张明信片给我爸爸。我写道：‘亲爱的爸爸：我现在在埃及的金字塔前面给你写信。记得小时候，你打我两个耳光，踢我一脚，保证我不能到这么远的地方来，现在我就坐在这里给你写信。’写的时候感触很深。我爸爸收到明信片时跟我妈妈说：‘哦！这是哪一次打的，怎么那么有效?一脚踢到埃及去了。’”

梦想在生命中是非常重要的东西。只有梦想可以使我们有希望，只有梦想可以使我们保持充沛的想象力和创造力。如果一个人没有梦想，这个人就很可悲。

但梦想也不一样，不同的梦想，成就不同的人生。

有一天，上帝造了三个人。

他问第一个人：“到了人世间，你准备怎样度过自己的一生?”第一个人回答说：“我要充分利用生命去创造。”

上帝又问第二个人：“到了人世间，你准备怎样度过自己的一生?”第二个人回答说：“我要充分利用生命去享受。”

上帝又问第三个人：“到了人世间，你准备怎样度过自己的一生?”第三个人回答说：“我既要创造人生，又要享受人生。”

上帝给第一个人打了50分，给第二个人打了50分，给第三个人打了100分。他认为第三个人才是最完整的人。

第一个人来到人世间，表现出了不平常的奉献感和拯救感。他为许许多多的人做出了许许多多的贡献，对自己帮助过的人，他从无所求；他为真理而奋斗，屡遭误解也毫无怨言。慢慢地，他成了德高望重的人，他的善行被广为传颂，被人们默默敬仰。他离开人间的时候，人们从四面八方赶来为他送行。直至若干年后，他还一直被人们深深地怀念着。

第二个人来到人世间，表现出了不寻常的占有欲和破坏欲。为了达到目的他不择手段，甚至无恶不作。慢慢地，他拥有了无数的财富，生活奢华，一掷千金，妻妾成群。他因作恶太多而得到了应有的惩罚。正义之剑把他驱出人间的时候，他得到的是鄙视和唾骂，被人们深深地痛恨着。

第三个人来到人世间，没有任何不平常的表现。他建立了自己的家庭，过着忙碌而充实的生活。若干年后，没有人记得他的存在。人类为第一个人打了100分，为第二个人打了0分，为第三个人打了50分。

虽然上帝和人所打的分数不完全相同，但是有一点却是相同的，那就是：不同的梦想造就了不同的人生。如果你秉持着渺小的梦想，你的人生结局也会是渺小的；如果你怀揣着伟大的梦想，你的人生可能就会是伟大的。

因此，每个人都需要一个伟大的梦想，这样，你才会有一个伟大而成功的人生。

## 目标给你的能量，超出你想象的限量

比尔·盖茨曾对他的员工说：“工作本身就没有贵贱之分，对待工作的态度却有高低之别。”公司所有的员工都是从最基层的工作做起的，只有那些追求卓越，以积极态度对待工作的人，才能步步高升为公司的核心人物。

在人生历程中，每个人都迫切希望自己能成为众人中的焦点，成为聚光灯的中心，事实上，这并不是什么困难的事，只要你拥有一颗追求卓越的心。

追求卓越，取得成功是每个人的愿望。在人类文明的发展过程中，追求卓越始终是人们持久的动力和永恒的目标。

有什么样的目标，就有什么样的人生；有什么样的追求，就能达到什么样的人生高度。勤奋地工作，超越平庸，主动进取，才能取得职场上的成功，才会拥有精彩卓越的人生。

有一个人在19岁那年，独自一人带着6个窝窝头，骑着一辆破自行车，从小山村到离家80公里外的城里去谋生。

他好不容易在建筑工地上找到了一份打杂的活。一天的工钱是17元，这对他而言只够吃饭，但他还是想尽办法每天省下1元钱接济家人。

尽管生活十分艰难，但他还是不断地鼓励自己，为此他付出了比别人更多的努力。两个月后，他被提升为材料员，每天的工资加了1元钱。

靠比别人多付出，他初步站稳了脚跟。之后，他想继续寻求新的发展。他认为：要在新单位站稳脚跟，就得更多地得到大家的认可，甚至成为单位不可缺少的人。那么，怎样才能做到这点呢？

冥思苦想之后，他终于想到了一个小点子：工地的生活十分枯燥，他想，能不能让大家的业余生活过得丰富一点呢？想到这儿，他拿出自己省下来的一点钱，买了《三国演义》《水浒传》等名著，将故事背下来，讲给大家听。这样一来，晚饭后的时间，总是大家最开心的时候，每天，工地上都洋溢着工友们欢快的笑声。

一天，老板来工地检查工作，发现他有非常好的口才，于是决定将他提升为公关业务员。

一个小点子付诸实践后就能有这样的效果，他极受鼓舞。于是，他便将自己的特长运用到工作的各个方面。对工地上的所有问题，他都抱着一种是自己的事的心态去处理。夜班工友有随地小便的习惯，怎么说都没有用，他想尽办法让大家文明如厕；一个工友性格暴躁，喝酒后要与承包方拼命，他想办法平息矛盾，做到使双方都满意……

别看这些都是小事，但领导都看在眼里。慢慢地，他成了领导的左膀右臂。

由于他经常主动思考，终于等来了一个创业的良机。有一天，工地领导告诉他，公司本来承包了一个工程，但由于某些原因，决定放弃。

作为一个凡事都爱想办法的人，他力劝领导别放弃。领导看着他充满热情，突然说了一句话："这个项目我没有把握做好，如果你看得准，可以由你牵头来做，我可以为你提供帮助。”

他几乎不敢相信自己的耳朵：这不是给自己提供了一个可以自行创业的绝好机会吗？他毫不犹豫地接下了这个项目，然后信心百倍地干了起来。

这位年轻人用不懈的进取精神不断地想办法解决难题，终于出色地完成了这个项目。他现在不仅拥有当地最大的建筑队，还是内蒙古最大的草业经营者之一，每年有 1 万多户农民给他的企业提供玉米、草等饲料。拥有了巨额财富的他，在贫困的家乡建起了一个全世界最大的金霉素生产厂，其生产量占全球的1/4，很多父老乡亲跟着他走上了脱贫致富的道路。

这位创造了奇迹的人叫王东晓，是内蒙古金河集团的董事长。

追求卓越、拒绝平庸是每个人必备的品质之一。不要满足于一般的工作表现，要做就做最好，要成为老板不可缺少的人物。拿破仑曾鼓励士兵：“不想当将军的士兵不是好士兵。”

为什么我们可以选择更好生活的时候，却总是选择了平庸呢?为什么我们可在职场中纵横驰骋的时候，却总是原地踏步，徘徊不前呢?

因为追求卓越的理念还没有深入我们的内心，只有将追求的理念时刻放在心头，你才能披荆斩棘，走向成功的殿堂。

## 你行动的轨迹，决定你进阶的层级

条条大路通罗马，但你只能选择一条。人生亦如此，成功的路有很多条，但你需要做的是选择最适合自己的那一条路，然后坚定不移地走下去。

一个人怎样给自己定位，将决定其一生成就的大小。志在顶峰的人一定不会落在平地，甘心做奴隶的人则永远也不会成为主人。

你可以长时间卖力工作，创意十足、聪明睿智、才华横溢、屡有洞见，甚至好运连连——可是，如果你无法在创造过程中给自己正确定位，不知道自己的方向是什么，一切都会徒劳无功。

所以说，你给自己定位是什么，你就是什么，定位能改变人生。

汽车大王福特从小就在头脑中构想能够在路上行走的机器，用来代替牲口和人力，而全家人都要他在农场做助手，但福特坚信自己可以成为一名机械师。于是他用一年的时间完成了别人要三年才能完成的机械师培训，随后他花了两年多时间研究蒸汽机，试图实现自己的梦想，但没有成功。随后他又投入到汽油机研究上来，每天都梦想制造一部汽车。他的创意被发明家爱迪生所赏识，邀请他到底特律公司担任工程师。经过十年努力，他成功地制造了第一部汽车引擎。福特的成功，完全归功于他的正确定位和不懈努力。

迈克尔在从商以前，曾是一家酒店的服务生，替客人搬行李、擦车。有一天，一辆豪华的劳斯莱斯轿车停在酒店门口，车主吩咐道："把车洗洗。"

迈克尔那时刚刚中学毕业，从未见过这么漂亮的车子，不免有几分惊喜。他边洗边欣赏这辆车，擦完后，忍不住拉开车门，想上去享受一番。这时，正巧领班走了出来。"你在干什么?"领班训斥道，"你不知道自己的身份和地位吗？你这种人一辈子也不配坐劳斯莱斯!"

受辱的迈克尔从此发誓："我不但要坐上劳斯莱斯，还要拥有自己的劳斯莱斯!"这成了他人生的奋斗目标。许多年以后，当他事业有成时，就为自己买了一部劳斯莱斯轿车。

如果迈克尔也像领班一样认定自己的命运，那么，也许今天他还在替人擦车、搬行李，最多做一个领班。人生的目标对一个人是何等重要啊!

在现实生活中，总有这样一些人：他们或因受宿命论的影响，凡事听天由命；或因性格懦弱，习惯依赖他人；或因责任心太差，不敢承担责任；或因惰性太强，好逸恶劳；或因缺乏理想，混日为生……总之，他们做事低调，遇事逃避，不敢为人之先，不敢转变思路，而被一种消极心态所支配，有些人甚至走向极端。

也许，成功的含义对每个人都有所不同，但无论你怎样看待成功，你必须有自己的定位。

## 决定你上限的不是能力，而是格局

生活中的你一定不能因为暂时的困境而萎靡不振，你需要在困顿中明确自己的定位，因为定位不仅能改变你的人生目标，更能改变你对人生的看法和对生活的态度。把你的定位再提高一些，你的人生就会有所不同。

重量级拳王吉姆·柯伯特在跑步时，看见一个人在河边钓鱼，一条接着一条，收获颇丰。奇怪的是，柯伯特注意到那个人钓到大鱼就把它放回河里，小鱼才装进鱼篓里去。柯伯特很好奇，他就走过去问那个钓鱼的人为什么要那么做。钓鱼翁答道："老兄，你以为我喜欢这么做吗？我也是没办法，我只有一个小煎锅，煎不下大鱼啊。"

很多时候，我们有一番雄心壮志时，就习惯性地告诉自己："算了吧。我想的未免也太迂了，我只有一个小锅，煮不了大鱼。"我们甚至会进一步找借口来劝退自己："更何况，如果这真是个好主意，别人一定早就想过了。我的胃口没有那么大，还是挑容易一点的事情做就行了，别累坏了自己。”

戴高乐说：“眼睛所到之处，是成功到达的地方，唯有伟大的人才能成就伟大的事，他们之所以伟大，是因为决心要做出伟大的事。”教田径的老师会告诉你：“跳远的时候，眼睛要看着远处，你才会跳得更远。”

一个人要想成就一番大的事业，必须树立远大的理想和抱负，有广阔的视野，不追求一朝一夕的成功，耐得住寂寞和清贫，按照既定的目标，始终坚持下去，到最后，他一定会获得成功。

有一次，任国的公子决心要钓一条大鱼，他做了一个特大的钩，用很粗的黑丝绳做钓线，钓线非常结实，然后用一头牛做钓饵。一切准备完后，他蹲在会稽山上，开始了等待。整整一年过去了，他却一条鱼也没有钓到。但他并不泄气，每天照旧耐心地等待。

终于有一天，一条大鱼吞了他的鱼饵，大鱼很快牵着鱼线沉入水底。过了不大一会儿，又摆脊蹿出水面。几天几夜后，大鱼停止了挣扎，他把大鱼切成许多块，让南岭以北的许多人都尝到了大鱼的肉。

那些成天在小沟小河旁边，眼睛只看见小鱼小虾的人，怎么也想不通他是如何钓到大鱼的……

有一句话这样说：“取乎上，得其中；取乎中，得其下。”

就是说，假如目标定得很高，取乎上，往往会得其中；而当你把定位定得很一般，很容易完成，取乎中，就只能得其下了。由此，我们不妨把自己的定位定得高一些，因为意愿所产生的力量更容易让人在每天清晨醒来时，不再迷恋自己的床榻，而会抱着十足的信心和动力去面对新的挑战。

## 改变自己很辛苦，不改变却会活得辛苦

当今成功学界流行一个著名观点：成功来源于你是想要，还是一定要。如果仅仅是想要，可能我们什么都得不到；如果是一定要，那就一定有方法可以得到。成功来源于“我要”。我要，我就能；我一定要，我就一定能。

100%的意愿，决定我们一定能找到100%的方法，因为成功一定有方法。

100%的意愿，决定我们一定会采取100%的行动，因为第99步放弃，恰恰反证我们仅仅是想要，我们不是一定要，即不是真正的100%的意愿。

100%的意愿，100%的期望强度，强烈的成功欲望，这一切都在向我们证明：是决心，而不是环境在决定我们的命运；只有决心，才最终决定成功。

下定决心去做伟大的事业，你才能成就伟大。

17岁的休斯做推销员时，他所有的亲戚朋友，都非常反对他做推销员，所以，他只好做陌生拜访。可是休斯又不大敢做陌生拜访，因为他害怕敲别人家门或跟陌生人谈论产品的时候被拒绝，因此业绩一直无法突破。

直到有一天，休斯的经理跑来找他，对他说："你今天跟我去拜访。"

那天，他就跟经理一起下楼走到马路上，经理看到对面走来一个小女孩，就告诉休斯："假如我现在走过这条马路没有办法向她推销产品的话，我走回马路时就让车撞死。"当时休斯听后吓了一大跳，心想经理怎么说出这种话。

只看到经理走过马路，开始向这位小女孩推销产品，经过了15分钟之后，他终于把产品卖出去了。

休斯看到之后，大为惊奇。于是，第二天他也想如法炮制，他就走下楼，开始向陌生人推销。可是，当他向陌生人开口的时候，头脑里马上想到万一被拒绝怎么办？于是又打退堂鼓了。

后来休斯回公司里面，找了一位同事并带他下楼，休斯对同事说："你看着，假如我无法向对面那个陌生人推销产品的话，我走回马路时就让车撞死。"

当休斯说完这句话的时候，他脑海里一片空白，根本不知道自己即将如何推销。他硬着头皮走过去，开始与陌生人交谈，他根本不知道自己要说什么，但是又不能走回头路，因为，他刚刚做过承诺、发过誓了，于是他使出浑身解数向这位陌生人推销产品，过了30分钟之后，不可思议的事情发生了：那个陌生人终于买了他的产品。

休斯发现，原来决心的力量这么大。

其实在人生的道路上何尝不是如此。在失意的时候，只要给自己加点劲，加点自信，咬咬牙，也许就能挺过去；也可能在徘徊与犹豫不决中一不小心跌了下去，再无心继续；也有可能在接近成功时，过早惊喜，让唾手可得的成功因一时大意离自己而去。有时候也不是不能成功，只是我们心有杂念，前怕狼，后怕虎，想得太多，分散了精力，让成功与自己擦肩而过。

挫折是锻炼意志的试金石，一生中有许多的坎坷需要走过，许多的挫折失意需要面对。坚定信心，下定决心，就成功了一半，相信自己：我行！我行！我一定能行！什么事都是人做的，别人能做的，我也一定能做，就算不能做得最好，至少我可以做得更好。不在乎别人的眼光，不和别人攀比，自己尽力，自己满意就行。

飞过高山、大海的小鸟，翅膀才会更强硬。只要你能够下定决心，再大的困难也不能阻挡你。在走过风风雨雨后，你会发现，曾经认为天大的难事，现在看来也不过是小菜一碟，已经不算是难事了。

再遇挫折时，就当是又一次考验，再需要下决心时，不要想着下一次，现在就说：我行！我行！我一定能行！而不是也许能行。成功总是垂青有准备的人，勇敢面对，付出努力，才有成功的可能。

## 走对的路，未来才不会盲目

很多人在临终前回顾自己的一生时，多半都会深感遗憾。假设你对现状不满，想必能够体会梦想无法实现的痛苦，那是最难忍受的体验。

有人曾用老鼠做过一个实验：

先架一排通道，每次都把一块奶酪放在三号通道，测试老鼠的反应。结果老鼠发现奶酪总是出现在三号通道，因此不必多看其他通道一眼，就知道直接往那儿爬。这时再把奶酪换个位置，摆在六号通道，起先老鼠还是照样朝三号通道走，但经过一段时间后，终于发现那儿没有奶酪了，于是转往其他通道寻找，直到在六号通道瞧见奶酪为止，从此又继续不断地出现在摆着奶酪的通道。

老鼠与人类的区别在于：大多数人依然会待在没有奶酪的通道，落入永远无法逃脱的陷阱。当一个人掉进半块奶酪也不剩的陷阱后(有时根本没人把奶酪放进去过)，便再也拿不到奶酪了。这里所说的“奶酪”，象征人类在追求、实现梦想以后所得到的快乐、充实与满足。

不少智商高、学历高、训练精、能力强的人一生从未品尝过成功的滋味，为此他们感到郁郁寡欢，灰心丧气。他们既不追求理想，也不完成计划，而是选择现成的工作，终生窝在自己不喜欢的行业里。问题是，做了四五十年无聊差事的他们依旧待在那个没有奶酪的通道，却还在心里纳闷：自己要到哪年哪月才能享受丰富的人生?

因此，要想有所改变，就不能再像原来那样迷迷糊糊、漫无目的地生活了。

大学毕业后，小海的一位同学分到某县政府机关工作。去年夏天，10多年没音讯的他突然打电话给小海，要小海帮他找个工作，因为他所在的单位突然裁员，他是第一批被裁的人员之一。

给他找工作，总得知道他的情况啊，小海问他：“过去10多年里，你取得过什么突出的业绩吗?”

“没有什么业绩，平平淡淡地过来了。”他说。

“那么，你进修过新的知识吗?比如考取过什么资格，拿到过什么新的学位?”

“没有。大学毕业后，我一直没有学习过，现在还是一个会计员，连助理会计师职称都没拿到。”

小海非常失望地说：“那么……你参加过什么可以助长你的技能的项目吗?”

“没有。”

小海失望之极：“那么，你这10多年都做什么去了呢?”

“开始几年谈恋爱，婚后几年打麻将，近几年在玩网络游戏。当时的想法是，在政府机关工作，清闲，没什么压力，而且失业的可能性几乎为零，所以就安于现状，虚度了光阴，实在惭愧。”他说。

他知道惭愧了，但小海还是明确表示帮不了他。

世上还有许许多多和他一样的人，但上天是公平的，唯有心无旁骛、身体力行者才能过上充实的人生，必须拥有值得追求的理想。

巴赫在《幻觉》里写道：“少了实现愿望的能力，就不可能许下愿望，但无论如何还是要这么做。”徒有梦想，永远无法获得满足感。无论追求名利、爱情或事业，都要付诸行动。如果你对现状不满，就调整自己的生活态度，积极行动起来，否则就无法摆脱原有的生活状态。

你最想成就什么样的丰功伟业？也许你有若干雄心大志，那就不妨把这些天马行空的美梦当作线索，仔细想想自己应该追求什么样的人生目标。先要认清哪些事情是你认为最有意义的，再把它们变成你的生活重心。如果在现有环境中无法实现梦想，就到别处去完成。

## 即使是不成熟的尝试，也胜于胎死腹中的空想

人处于困境之中，更应该专注，一心一意地去做改变现状的工作，如果你还是瞻前顾后，左顾右盼，那你永远也不能改变不利的现状。

成就一番事业，实现人生价值，是一切有志者的追求。然而，通向成功的道路往往并不平坦，影响成功的因素复杂多样。现实生活中常常会看到这样的情形：有的人对学业、工作、事业专心致志、不懈努力，不受外界诱惑的干扰，扎扎实实地向着既定目标迈进，最终获得了成功；而有的人却耐不住寂寞，经不起诱惑，好高骛远、见异思迁，对学业、工作、事业缺乏一种执著精神，结果是一事无成。无数事实说明，专注是走向成功的一个重要因素。

有些成功，不需要太强的实力，需要的往往是专注；有些失败，并非缺乏良好的时机，缺乏的往往是坚持。有一则寓言故事，也许更能说明这个道理：

从前，有一对仙人夫妻，喜欢下围棋，他们常常到山上下棋。一只猴子，经年累月地躲在树上，看这对仙人下棋，终于练就了高超的棋艺。

不久，这只猴子下山来，到处找人挑战，结果，没有人是它的对手。最后，只要是下棋的人，一看对手是这只猴子，就甘拜下风，不战而逃。

国王终于看不下去了，全国这么多围棋高手竟然连一只猴子也敌不过，实在是太丢脸了。于是国王下诏：一定要找到人来战胜这只猴子。

然而，猴子的棋艺卓绝，举国上下，根本没有人是它的对手。那该怎么办呢?

这时，有一个大臣自告奋勇地说要与猴子下一盘。国王问："你有把握吗？"他说绝对有把握。但是，在比赛的桌上一定要放一盘水蜜桃。

比赛开始了，猴子与大臣面对面坐着，在比赛的桌子旁边放着一盘鲜嫩的水蜜桃。整盘棋赛中，猴子的眼睛盯着这盘水蜜桃，结果，猴子输了。

所谓"专注"，就是集中精力、全神贯注、专心致志。可以说，人们熟悉这个词就像熟悉自己的名字一样。然而，熟悉并不等于理解。

从更深刻的含义上讲，专注乃是一种精神、一种境界。"把每一件事做到最好"，就是这种精神和境界的反映。

一个专注的人，往往能够把自己的时间、精力和智慧凝聚到所要干的事情上，从而最大限度地发挥积极性、主动性和创造性，努力实现自己的目标。特别是在遇到诱惑、遭受挫折的时候，他们能够不为所动、勇往直前，直到最后取得成功。与此相反，一个人如果心浮气躁、朝三暮四，就不可能集中自己的时间、精力和智慧，干什么事情都只能是虎头蛇尾、半途而废。缺乏专注的精神，即使立下凌云壮志，也绝不会有所收获，因为“欲多则心散，心散则志衰，志衰则思不达也”。

专注源于强烈的责任感。只有讲责任、负责任，才能凝聚忠诚和热情，激发干劲和斗志。韩愈说：“业精于勤荒于嬉，行成于思毁于随。”古往今来，那些真正能干大事、能干成大事者，莫不具有敢担大任的胸怀和勇气。强烈的责任感，是专注的原动力。

专注来自淡泊和宁静。一个人在为工作和事业奋斗的过程中，困难和挫折在所难免，孤独和寂寞也在所难免。面对这些情况时，要能做到不受干扰、专注如一，关键是保持淡泊和宁静。

经验表明，对一件事情，专注一时者众，而始终专注者寡。这其中的一个重要原因就在于，一般人很难长期耐得住寂寞、经得起考验。

任何一个成功者的背后，都有着坚持不懈的执著追求和艰苦劳动。诸葛亮说：“淡泊以明志，宁静而致远。”唯有保持淡泊和宁静，才能坚定信念和追求，做到专注和执著。

一个人生活在社会中，面对纷繁复杂的世界，要想成就一番事业，就必须努力克服各种消极因素的影响。一个人如果总是瞻前顾后，左思右想，就永远不可能取得成功。

第五章

# 预测未来的最佳方法，就是创造未来

## 人生最后的赢家，都是把握机会的行动者

一个人被生活的困苦折磨久了，于是有了一个想要改变的梦想，那他已经走出了第一步，但是若想看见成功的大海，只走一步又有什么用呢?

因此，你有了梦想，你需要行动起来，才能最终摆脱受折磨的命运。

连绵秋雨已经下了几天，在一个大院子里，有一个年轻人浑身淋得透湿，但他似乎毫无觉察，满腔怒气地指着天空，高声大骂着:

“你这该千刀万剐的老天呀！我要让你下十八层地狱！你已经连续下了几天雨了，弄得我屋也漏了，粮食也霉了，柴火也湿了，衣服也没得换了，你让我怎么活呀！我要骂你、咒你，让你不得好死……”

年轻人骂得越来越起劲，火气越来越大，但雨依旧淅淅沥沥，毫不停歇。

这时，一位智者对年轻人说:

“你湿淋淋地站在雨中骂天，过两天，下雨的龙王一定会被

你气死，再也不敢下雨了。”

“哼！它才不会生气呢，它根本听不见我在骂它，我骂它其实也没什么用！”年轻人气呼呼地说。

“既然明知没有用，为什么还在这里做蠢事呢？”

“……”年轻人无言以对。

“与其浪费力气骂天，不如为自己撑起一把雨伞。自己动手去把屋顶修好，去邻家借些干柴，把衣服和粮食烘干，好好吃上一顿饭。”智者说。

“与其浪费力气在这里骂天，不如为自己撑起一把雨伞。”智者的话对身处逆境的我们来说，不失为一句“醒世恒言”。在困境中与其抱怨命运不公，为什么不把这些精力用在改变困境的行动上呢？

坐着不动是永远也改变不了不顺现状的，同样，坐着不动也是永远做不成事业的。只有傻瓜才寄希望于天上掉馅饼。俗话说：“一分耕耘，一分收获。”没有耕耘，就没有行动，那就自然不会有收获。不论是运用你的大脑，还是运用你的体力，你一定要“动”起来才行。

日本一家公司的训导口号说：“如果你有智慧，请拿出智慧；如果你缺少智慧，请你流汗；如果你既缺少智慧又不愿意流汗，那么请你离开本公司。”人生在世，的确是需要“动”起来的，不是说“生命在于运动”吗？其实事业更在于“运、动”——运用你的智慧，动用你的体力，才能创造你事业的辉煌。否则，成功对于你来说永远都是“海市蜃楼”。

## 只要开始行动，就是为时未晚

一位哲人曾这样说过：“我们生活在行动中，而不是生活在岁月里。”要改变你的生活，你首先要行动起来，只有行动才是改变你现状的捷径。

曾亲眼目睹两位老友因车祸去世而患上抑郁症的美国男子沃特，在无休止的暴饮暴食后，体重迅速膨胀到了无法自抑的地步，直线逼近200公斤。当逛一次超市就足以让沃特气喘吁吁缓不过劲儿时，沃特意识到自己已经到了绝境。绝望之中的沃特再也无法平静，他决定做点什么。

打开年轻时的相册，里面的自己是一个多么英俊的小伙子啊。深受刺激的沃特决定开始徒步美国的减肥之旅，迅速收拾好行囊，沃特带着接近200公斤的庞大身躯出发了。穿越了加利福尼亚的山脉，走过了新墨西哥的沙漠，踏过了都市乡村，旷野郊外……整整一年时间，沃特都在路上。他住廉价旅馆，或者就在路边野营。他曾数次遇到危险，一次在新墨西哥州，他险些被一条剧毒的眼镜蛇咬伤，幸亏他及时开枪将之打死。至于小的伤痛简直就是家常便饭，但是他坚持走过了这一年，一年后，他步行到了纽约。

他的事情被媒体曝光后，深深触动了美国人的神经。这个徒步行走立志减肥的中年男子，被《华盛顿邮报》《纽约时报》等媒体誉为“美国英雄”，他的故事感动了美国。不计其数的美国人成为沃特的支持者，他们从四面八方赶来，为的就是能和这个胖男人一起走上一段路。每到一个地方，就会有沃特的支持者们在那里迎接他。

当他被美国收视率最高的节目之一《奥普拉·温弗利秀》请到现场时，全场掌声雷动，为这个执著的男人欢呼。出版商邀请他写自传，电视台找他拍摄专辑……更不可思议的是，他的体重成功减去了50公斤，这是一个多么惊人的数字！

许多美国人称：沃特的故事使他们深受激励，原来只要行动，生活就可以过得如此潇洒。沃特说这一切让他意外：“人们都把我看做是一个美国英雄式的人物，但我只是一个普通人，现在我意识到，这是一次精神的旅行，而不仅仅是肉体。”他的个人网站“行走中的胖子”，吸引了无数访问者，很多慵懒的胖子开始质疑自己：“沃特可以，为什么我不可以？”

徒步行走这一年，沃特的生活发生了巨变。从一个行动迟缓的胖子到一个堪比“现代阿甘”的传奇式人物，沃特用了一年，他收获的绝不仅仅是减肥成功这么简单。放弃舒适的固有生活，做一种人生的改变，人人都可以做到，但未必人人愿意行动。所以，沃特成功了。

你也是，只要付诸行动，没有什么不可以。勇敢行动起来，创造自己生命的奇迹吧！

## 坐而言不如起而行

动动嘴发发牢骚，对折磨来一通抱怨，对前程来一番憧憬，这些谁都能做到。但是，说得再好，如果不去行动，又有什么用呢？

有一位名叫特蕾西的美国女孩，她的父亲是芝加哥有名的牙科医生，母亲在一家声誉很高的大学担任教授。她的家庭对她有很大的帮助和支持，她完全有机会实现自己的理想。她从念中学的时候起，就一直梦寐以求地想当电视节目主持人。她觉得自己具有这方面的天赋，因为每当她和别人相处时，即使是陌生人也都愿意亲近她并和她长谈。她知道怎样从人家嘴里“掏出心里话”，她的朋友称她是“亲密的随身心理医生”。她自己常说：“只要有人愿给我一次上电视主持节目的机会，我相信自己一定能成功。”

但是，她为达到这个理想做了些什么呢？什么也没有!她在等待奇迹出现，希望一下子就当上电视节目的主持人。

特蕾西不切实际地期待着，结果什么奇迹也没有出现。

谁也不会请一个毫无经验的人去担任电视节目主持人，而且节目主管也没有兴趣跑到外面去搜寻“天才”，都是别人去找他们。

另一个名叫露丝的女孩却实现了特蕾西的理想，成了著名的电视节目主持人。露丝之所以会成功，就是因为她知道“天下没有免费的午餐”，一切成功都要靠自己的努力去争取。她不像特蕾西那样有可靠的经济来源，所以没有白白地等待机会出现。她白天去做工，晚上在大学的舞台艺术系上夜校。毕业之后，她开始谋职，跑遍了芝加哥每一个广播电台和电视台。但是，每个地方的经理对她的答复都差不多：“不是已经有几年经验的人，我们一般是不会雇用的。”

但是，她不愿意退缩，也没有等待机会，而是继续走出去寻找机会。她一连几个月仔细阅读广播电视方面的杂志，最后终于看到一则招聘广告：北达科他州有一家很小的电视台招聘一名预报天气的女孩子。

露丝是阿肯色州人，不喜欢北方。但是即使工作只是预报有没有阳光、是不是下雨都没有关系，她希望找到一份和电视有关的职业，干什么都行!她抓住这个工作机会，动身到了北达科他州。

露丝在那里工作了两年，最后又在洛杉矶的电视台找到了一个工作。又过了5年，她终于成为她梦想已久的节目主持人。

在我们的一生中，永远有机遇在前方等着我们，但它们总是躲在一些角落里需要我们用积极的心态去寻找、去发现，而不是在那儿守株待兔。

因此，要想改变身处困境的状况，不能靠说，只能靠做，只有行动起来，才能改变目前的一切。

## 做个有变现能力的理想主义者

成功，是每一个奋斗者的企盼和向往，是每一个奋斗者为之倾心的夙愿。在计划的推动下，人就能够被激励、鞭策，处于一种昂扬、激奋的状态，就会去积极进取、创造，并向着美好的未来挺进。

作为年轻人，应当志存高远，但计划也必须是符合内心的渴望并切合实际的。如果你只是含含糊糊地给自己确定一个大概的计划，希望在行动的过程中再加以调整或更改，那么，即便你的计划再远大宏伟，也只能是如海市蜃楼般虚无缥缈。

有些人的计划用笼统的词句表达，比如说："当一名成功的医师。"有的则比较具体，如："要发明能有效治疗胃痛或头痛的药物。"广泛的事业计划也有用，因为它们有整体的观点，可以解放想象力，帮助我们探究所有可能的选择。但是，广泛的计划却不能使我们确定自己所要做的是什么。由于这个缘故，我们需要具体的事业计划。

如果暂时无法达到中心计划，不妨设定一个较小、较易达到的计划，并竭力工作直到达到。举例来说，找出更快、更有效率的方法来完成每天的例行工作。或者是趁自己精力旺盛的时候就先选做最难的工作，简单的则稍后解决。许多小的成功终会引来更大的成就。

俗语说得好："罗马不是一天建成的。"既然一天建不成辉煌的罗马，那就让我们专注于建造罗马的每一天。这样，把每一天连起来，终将会建成一个美丽辉煌的罗马。

美国有个84岁的老太太昆丝汀·基顿，1960年曾轰动了美国。这位高龄的老太太，竟然徒步走遍了整个美国。人们为她的成就感到惊奇，也感到不可思议。

有位记者问她："你是怎么完成徒步走遍美国这个宏伟计划的呢？"

老太太的回答是："我的计划只是前面那个小镇。"

基顿老太太的话很有道理，其实，人生亦是如此，我们每个人都希望发现自己的人生计划，并为实现这个计划而生活和工作。如果你能把你的人生计划清楚地表达出来，这样就能帮助你随时集中精力，发挥出你人生进取的最高的效率。只是，一定要记住，你在表达你的人生计划时，一定要以你的梦想和个人的信念作为基础。因为这有助于你把自己的计划订得具体，且具有现实可行性。

计划必须是具体的，是可以实现的，这一点很重要。如果计划不具体——无法衡量是否实现了——那会降低你的积极性。因为向计划迈进是动力的源泉。如果无法知道自己的计划前进了多少，你准会泄气，甩手不干了。

人生计划，绝非一蹴而就，它是一个不断积累的过程。而一个个量化的具体计划，就是人生成功旅途上的里程碑、停靠站。每一个“站点”都是一次评估，一次安慰，一次鼓励，一次加油。

一句话，计划要量化，才能对成功有益。能否量化，是计划与空想的分水岭。

计划必须实在，而且不要太遥不可及，应该是在达得到的范围内，千万不要错以为自己应该或能够在一天里建造一座罗马城。如果你今年无法达到你的最终计划，那就先定一个短期的计划吧！

成功人士和平庸之辈的差别，就在于前者为生命计划，决定一生的方向，往前推定10年、5年、3年计划;最接近此刻的长期计划是一年;最后是一个月、一周、一天。

## 脚踏实地，又仰望星空

很多身陷贫穷，没有取得成功的人常常都想通过买彩票、买股票等投机方法去获得成功，但往往通过这种方式成功的人却没有几个。

这些人的想法和做法其实离成功的方法很远很远。那成功的捷径到底是什么呢？答案其实很简单，那就是一步一个脚印地前进。

在一本有关泰国文化的书里曾读到这样一个故事。

在很久以前，泰国有个叫奈哈松的人，一心想成为一个富翁。他觉得成为富翁的最短的捷径便是学会炼金之术。

此后他把全部的时间、金钱和精力，都用在了炼金术的实验中了。不久以后他花光了自己的全部积蓄，家中变得一贫如洗，连饭都没得吃了。妻子无奈，跑到父亲那里诉苦。她父亲决定帮女婿改掉恶习。他让奈哈松前来见他，并对他说："我已经掌握了炼金之术，只是现在还缺少一样炼金的东西……"

"快告诉我还缺少什么?"奈哈松急切问道。

"那好吧，我可以让你知道这个秘密：我需要3公斤香蕉叶下的白色绒毛，这些绒毛必须是你自己种的香蕉树上的。等到收齐绒毛后，我便告诉你炼金的方法。"

奈哈松回家后立刻将已荒废多年的田地种上了香蕉。为了尽快凑齐绒毛，他除了种以前自家就有的田地外，还开垦了大量的荒地。当香蕉长熟后，他便小心地从每张香蕉叶下收刮白绒毛，而他的妻子和儿女则抬着一串串香蕉到市场上去卖。就这样，10年过去了，奈哈松终于收集够了3公斤绒毛。这天，他一脸兴奋地拿着绒毛来到岳父的家里，向岳父讨要炼金之术。

岳父指着院中的一间房子说："现在，你把那边的房门打开看看。"

奈哈松打开了那扇门，立即看到满屋金光，竟全是黄金，他的妻子、儿女都站在屋中。妻子告诉他，这些金子都是他这10年里所种的香蕉换来的。面对着满屋实实在在的黄金，奈哈松恍然大悟。

事情往往是这样，那些心存侥幸、渴望点石成金的人往往会一无所获、双手空空；而那些看似没有多少进步的人，积累一段时间以后，就会获得成功。因此，生活中的有心人必须记住：踏实跨出你的每一步，你就能积少成多，获得成功。

## 现实中的风险往往正是实现梦想的转机

生活过得一塌糊涂，自己也找不到什么好的出路。这时候，你就应该反思反思，你有没有想过要为争取更好的生活而冒冒险呢?

生活中很多成功人士都是敢于冒险的人，不敢冒险的人大多都不会取得成功。

敢于挑战困难的人总是具有不按牌理出牌的冒险精神。

其实，所有的人或多或少都具有冒险特质。而关键是，是否敢冒不按理出牌的险。敢于冒险，对锻炼人格也大有助益。人生不如意事十之八九，平时刻意让自己去应付一些难题，这样可以让你练习如何去面对突发的状况。如果你从不冒险一试，那你的一生也不过是随波逐流，随时等着大浪头把你打下去。

而且，对许多人来说，平平淡淡的生活简直乏味无聊，偶尔不按常理出牌，可为生活增添新意。

然而成千上万的人努力工作，兢兢业业，尽管他们一生辛劳，但却只能默默无闻。原因之一就是他们害怕脱离正统，只按牌理出牌。他们把自己局限在所熟悉的规则中，遵循传统框架，拒绝冒险。因而他们与成功总是无缘。

查斯特·菲尔德爵士指出："我必须承认在我的一生中，有些时候也的确会冒出逃避的念头，觉得自己已有了稳定的工作，只要考虑自己分内的事，按理出牌就已很不错了。但不管如何，似乎每当境遇很不明朗时，前头总还有一点光亮可寻，于是我又继续干下去。"

勇于冒险的人也会害怕困难，但他们往往不会选择退缩，更不会因一时的困难就选择放弃，因为他们知道，困难的背后孕育着巨大的机会。

美国石油巨商、亿万富翁保罗·格蒂，一生充满神秘而传奇的冒险经历，称之为"冒险之神"一点也不为过。

格蒂是一个神秘的冒险家。

1957年，当《财经杂志》把他列为全美第一号大富之后不久，他写过一篇直言无讳的自述，题目就叫《我如何赚进第一个10亿美元》。在这篇文章里，他以自己的亲身感受追述了他是如何在冒险中创立起自己的事业王国的。

有人说，格蒂有一位富有的父亲，他是用他父亲的遗产进行投资，才获得成功的。其实，1930年他父亲去世时，虽然为他留下了50万美元的遗产，但在他父亲逝世之前，格蒂本人就已经赚了几百万美元。

格蒂1893年出生于美国的加利福尼亚州，父亲是一位商人。他小时候很调皮，被人称为是“顽皮的孩子”。他读书的成绩还算不错，后来进入英国的牛津大学就读。1914年毕业返回美国后，他最初的意愿是想进入美国外交界，但很快又改变了主意。

他为什么改变了主意呢?因为当时美国石油工业已进入方兴未艾的年代，一种兴致勃勃的创业精神鼓舞着年轻的格蒂到石油界去冒险。他想成为一个独立的石油经营者。于是，他向父亲提出，希望到外面去闯一闯。

但他父亲提出一个条件，投资后所得的利润，格蒂得30%，他本人得70%。作为父子之间，这个条件也许太苛刻了。但格蒂爽快地答应了。他有他自己的打算。他向父亲借了一笔款项之后，便径自走出家门，独自来到俄克拉荷马州，第一次进行他的冒险事业。1916年春，格蒂领着一支钻探队，来到一个叫马斯科吉郡石壁村的地方，以500美元的代价租借了一块地产，决定在这里试钻油井。工作开始后，他夜以继日地奋战在工地上。经过一个多月的艰苦奋战，终于打出了第一个油井，每天产油720桶。格蒂说：“我最初的成功，多少是靠运气。”因为他打第一口井就打出油来了，而有许多的石油冒险家曾经倾家荡产都未得到一滴石油。不管怎么样，格蒂从此进入了石油界。就在这年5月，他和他父亲合伙成立了“格蒂石油公司”。不过，虽说是合伙，他仍得遵循他父亲原先提出的条件，只能收取这个公司30%的股益。即使如此，他的腰包里也依然财源滚滚。就在这一年，他赚取了第一个百万美元，而他当时仅有23岁。

创业之初，格蒂很有点不畏艰苦的精神。他穿着油腻的工作服，和钻井工人一起在油田里战斗。他说：这也是他成功的一条经验。他认为，一个公司的负责人能与工人们一起奋斗，结为伙伴，士气必然大涨，成功才会有望。有一次，他发觉自己实在承受不了那种过分的神经紧张，而逃回了简陋的住所，但他连口水都顾不上喝，就又跑回了工地。

1919年，格蒂以更富冒险的精神，转到加利福尼亚州南部，进行他的新的冒险计划。但最初的努力失败了，在这里打的第一口井竟是个“干洞”，未见一滴油。但他不甘失败，在一块还未被别人发现的小田地里取得了租用权，决心继续再钻。然而这块小田地实在太小了，不过比一间小小的房屋的面积略大一点，而且只有一条狭窄的通路可进入此地，载运物资与设备的卡车根本无法开进去。他采纳了一个工人的建议，决定采用小型钻井设备。他和工人们一起，从老远的地方，把物资和设备一件件扛到这块狭窄的土地上，然后再用手把钻机重新组合起来。办公室就设在泥染灰封的汽车上，奋战了一个多月，终于在这里打出了油。

随后，他移至洛杉矶南郊，进行新的钻探工作。这是一次更大的冒险，因为购买土地、添置设备以及其他准备工作，已花去了大笔资金，如果在这里不成功，那么，他已赚取到的财富将会毁于一旦。他亲自担任钻井监督，每天在钻井台上战斗十几个小时。打入3000米，未见有油，打入4000米，仍未见有油，当打入4350米时，终于打出油来了。不久，又完成了第二口井的钻探工作。仅这两口油井，就为他赚取了40多万美元的纯利润。这是1925年的事情。

格蒂的冒险一次次地获得成功，促使他去冒更大的险。1927年，他在克利佛同时开4个钻井，又获得成功，收入又增加80万美元。这时，他建立了自己的储油库和炼油厂。1930年当他父亲去世时，他个人手头已积攒下数百万美元了。随后的岁月，机遇也常伴格蒂身边。他所买的油田，十之八九都会钻出油来。而且，他的事业也一直顺风满帆，直到他成为世界驰名的富豪。

一个想追求成功、改变现状的人，必须时不时地冒点险，这样才能够快捷、及时地抓住成功的机遇，从而到达梦想的彼岸。

## 不做只想，世界还和原来一样

许多人习惯于玩嘴皮子功夫，遇事总是说说而已，毫无行动，这种人最终会浑浑噩噩，一事无成。曾有人这样计算，人生如果以70年寿命来算，除去少不更事和老不方便的10年，也不过两万余天，再除去睡眠的1/4到1/3时间，剩下的时间真可说是寸阴寸金。所以还是把那些有意义的事抓紧列出来，赶快去做，而不只是停留在嘴皮子上。

有一部名为《小领袖》的小说，里面描写了一个凡事都迟疑不决的人，他嘴里一直在念叨着非把那棵阻碍交通的树砍去不可，但一直没有动手去砍，任凭那棵树渐渐长大。直到他须发斑白时，那棵大树依然屹立在那儿。最后他还说："我已经老了，应该去找一把斧头来!"

世上任何事情，如果不下决心去做，就永远没有成功的希望，要想获得成功，就非得打定主意专心致志地去做不可。

斯通作为一家公司销售执行委员会的7位执行委员之一，曾走访过亚洲和太平洋地区很多国家。在一个星期二的上午，斯通给某市的推销人员做了一次励志性的交流。当天晚上，斯通接到一个电话，是一家推销金属柜的公司的推销员伊斯特打来的。伊斯特很激动地说："我记住了你给我们的自我发动警句——不要空谈，想到就做!我就去看我的卡片记录，分析了10笔死账。我准备提前兑现这些账，这在先前可能是一件相当棘手的事。我重复了'想做就做'这句话好几次，并用积极的心态去访问这10个客户。结果我做了一笔大买卖!"

你或许也懂得"想做就做"的道理，但是你可能并没有把这个原则应用到你自己的经历中。伊斯特做到了这一点，所以你也能做到。

天下最可悲的一句话就是：“我当时真应该那么做，但我没有。”经常会听到有人说：“如果我当年就开始做那笔生意，早就发财了!”一个好的创意胎死腹中，真的会叫人叹息不已，永远不能忘怀。如果真的彻底施行，当然有可能带来收获。

你现在已经想到一个好创意了吗？如果有，马上行动。

你一定要制定一个人生的目标，并认真制定各个时期的目标。但如果你不行动，你就像这样的一个人：此人一直想到巴黎旅游，于是设计了一个旅行计划。他花了几个月阅读能找到的各种资料——巴黎的艺术、历史、哲学、文化。他研究了巴黎地图，定了飞机票，并制定了详细的日程表。他标出了要去观光的每一个地点，连每个小时去哪里都定好了。有个朋友知道了此人对这次旅游的安排，到他家做客时问他：“巴黎怎么样？”

“我想，”这人回答，“巴黎是不错的，可我没去。”

朋友惊讶地问道：“什么?你花了那么多时间做准备，出什么事啦?”

“我是喜欢定旅行计划，但我不愿坐飞机，受不了，所以待在家里没去。”

苦思冥想，谋划如何有所成就，无论如何都不能代替身体力行去实践。没有行动的人只是在做白日梦。

要成功，光有梦想是不够的，还必须拥有一定要成功的决心，配合确切的行动，支持到底，方能成功。

只有下定一个不可更改的决心，历经学习、奋斗、成长这些不断的行动，才有资格摘下成功的甜美果实。

缺乏决心与实际行动的梦想将会慢慢开始萎缩，种种消极与不可能的思想衍生，甚至于就此不敢再存任何梦想，过着随遇而安、乐于知命的平庸生活。

这也是为何成功者总是占少数的原因。了解成功哲学的你，是否真心愿意在此刻为自己的理想，认真地下定追求到底的决心，并且马上行动?

梦想是成功的起跑线，决心则是起跑时的枪声。行动犹如跑步者全力的奔驰，唯有坚持到最后一秒的人，方能获得成功的锦标。

如果此刻你已经拥有了梦想，还是少说几句，把精力用在行动上，这样你就会早日成功。

## 竞争时代，快一步胜人一筹

人生总有许多理想和憧憬，假使你能够将一切憧憬都抓住，将一切理想都实现，将一切计划都执行，那你事业上的成就，真不知要怎样的宏大；你的生命，真不知要怎样的伟大!然而，总是有很多人有憧憬而不去抓住，有理想而不去实现，有计划而不去执行，最终使各种憧憬、理想、计划破灭掉。

《明日歌》曾经写道："明日复明日，明日何其多！我生待明日，万事成蹉跎。"这里就在说明拖延给我们的生活带来的影响。生活中拖延的现象屡见不鲜，但拖延久了，事事拖延，就养成了一种习惯，这种习惯势必让你产生病态的拖延心理。拖延心理会让人一事无成，甚至毁掉你的前程。所以生活中一定要克制拖延，克制拖延你才能成功。

每个人的生命都是有限的，当拖延成为你的习惯时，死神也就在不知不觉中来临了。你可以给自己时间，但生命却不会给你时间，正如中国古代诗人李商隐所吟诵的"人间桑海朝朝变，莫遣佳期更后期"。

人为什么会被"拖延"的恶魔所纠缠，很大的原因在于当认识到目标的艰巨时所采取的一种逃避心理——能以后再面对的就以后再面对，只要今天舒服就行。拖延就这样成为了"逃避今天的法宝"，而逃避是弱者最明显的特征。

有些事情你的确想做，绝非别人要求你做，尽管你想，但却总是在拖延。你不去做现在可以做的事情，却想着将来某个时间再做。这样你就可以避免马上采取行动，同时你安慰自己并没有真正放弃决心。你会跟自己说："我知道我要做这件事，可是我也许会做不好或不愿意现在就做。应该准备好再做，于是，我当然可以心安理得了。"每当你需要完成某个艰苦的工作时，你都可以求助于这种所谓的“拖延法宝”，这个法宝成了你最容易、也是最好的逃避方式。

人的本质都是懦弱的，从这一点上说，拖延和犹豫是人类最合乎人性的弱点，但是正因为它合乎人性，没有明显的危害，所以无形中耽误了许多事情，因此而引起的烦恼，其实比明显的罪恶还要厉害。你拖延得了一时，却拖延不过一世，今天你利用拖延这张证件避免了危险和失败，但这样做又能达到怎样的目的呢？在你避免可能遭到失败的同时，你也失去了取得成功的机会。

不要逃避今天的责任而等到明天去做，因为，明天是永远不会来临的。现在就采取行动吧，即使你的行动不会使你马上成功，但是总比坐以待毙要好。即使成功可能不是行动所摘下来的那个果子，但是，没有行动，任何果子都会在枝上烂掉。

现在必须采取行动。你要一遍又一遍，每一小时、每一天，重复这句话，一直等到这句话像你的呼吸一样融入你的生命。而跟在它后面的行动，要像你眨眼睛那种本能一样迅速。任何时刻，当你感到推脱苟且的恶习正悄悄地向你靠近，或者此恶习已迅速缠上你，使你动弹不得之际，你都需要用这句话提醒自己。

总有很多事需要完成，如果你正受到怠惰的钳制，那么不妨从碰见的任何一件事开始着手。这是件什么事并不重要，重要的是，你要突破无所事事的恶习。从另一个角度来说，如果你想规避某项杂务，那么你就应该从这项杂务着手，立即进行。否则，事情还是会不断地困扰你，使你觉得繁琐无趣而不愿动手。

当你养成“现在就动手做”的习惯，那么你就将掌握个人主动进取的精髓。

生命中真正的财富往往属于那些能以行动积极寻求的人。成功不会由挂着皇家徽章的管弦乐队伴随着而来，它往往属于长期艰苦努力工作的人。

采取主动，就能创造属于自己的机会。缜密思虑下策划的行动，是没有任何东西可以取代的。

你可以用尽各种方法，告诉全世界，你有多么优秀，但是你必须通过行动。要让别人知道你的成就，你应该先付诸行动，让人从行动中看到你的成就。

不要等待“时来运转”，也不要由于等不到而觉得恼火和委屈，要从小事做起，要用行动争取胜利。

记住，立即行动!

## 方向不对，所有的努力都是“自我安慰”

目标对于事业来说，具有举足轻重的作用。目标是成功人生的起点，是一个人奋斗的阶梯。忽视目标定位的人，或是始终确定不了目标的人，他的努力就会事倍功半，绝难达到理想的彼岸。确立目标，是人生设计的第一乐章。

每一个走向成功的人，无疑都会面临一个选择方向、确定目标的问题。正如空气、阳光之于生命那样，人生须臾不能离开目标的引导。

有了目标，人们才会下定决心攻占事业高地；有了目标，深藏在内心的力量才会找到“用武之地”。若没有目标，你绝不会采取真正的实际行动，自然与成功无缘。

早在40多年前，生活在洛杉矶的15岁的少年约翰·戈达德对自己一生中计划要做的事开了一张清单，上面有127个要实现的目标，他将此清单称为“我的生命清单”。59岁时戈达德已实现了106个目标。他说：“我在少年时开列的生命清单，反映了一个少年人的兴趣。尽管有些事情我是永远也无法做到的——例如，登上珠穆朗玛峰和访问月球。然而，确定的目标往往是这样的：有些事情可能超出你的能力。但那并不意味着你得放弃整个梦想。”现在，他仍然不放弃确定的目标，努力实现目标，包括参观中国的万里长城和访问月球。

可见，是目标所蕴含的神奇推力使戈达德勇往直前，虽然他已不再年轻，但却仍然能够信心十足。

只要你选准了目标，选对了适合自己的道路，并不顾一切地走下去，终能走向成功。确立了目标并坚定地“咬住”目标的人，才是最有力量的人。目标，是一切行动的前提。事业有成，是目标的赠与。确立了有价值的目标，才能较好地分配自己有限的时间和精力，较准确地寻觅突破口，找到聚光的“焦点”，专心致志地向既定方向猛打猛冲。那些目标如一的人，能抛除一切杂念，聚积起自己的所有力量，全力以赴地向目标高地挺进。

一个人只要不丧失使命感，或者说还保持着较为清醒的头脑，就决然不会把人生之船长期停泊在某个温暖的港湾，而是重新扬起风帆，驶向生活的惊涛骇浪，领略其间的无限风光。人，不仅要战胜失败，而且还要超越胜利。只有目标始终如一，才能焕发出极大的活力；只有超越生命本身，人生才可以不朽。

有目标的人，就会产生一股巨大的、无形的力量，将自身与事业有机地“融合”为一体。

目标，能唤醒人，能调动人，能塑造人，目标的伟大力量是难以估计的。有明确目标的人，生活必然充实有劲，决不会因无所事事而无聊。目标能使人不沉湎于现状，能激励人不断进取，能引导人不断开发自身的潜能，去摘取成功的桂冠。

一个人要成功就要设定目标，没有目标是不会成功的。目标就是方向，就是成功的彼岸，就是生命的价值和使命。

而目标的设定也是需要技巧的，当你确立了自己人生的终极目标之后，你就应该为了你的终极目标制订多个向总目标一步步接近的具体目标，然后慢慢执行，最后达到终极目标。

你的计划应根据不同时间长度而有所分别，如1小时、1星期、1年、10年。显然，考虑明年1年的计划与考虑今后10年的计划，那是有很大不同的。你能够而且应该超前计划10年，但是你不能想得很精细，因为不确定的因素太多了。温斯顿·丘吉尔在谈到筹划国家事务时曾经说：“人总是要向前看的，但是要预见目前看不见的东西又总是困难的。”你能够而且应该计划一个小时内要做的事，你也能够很精确地制订这个计划，但是，一个小时对你当然不会有太大的影响。

你可以将自己的目标大致做如下分类：

**1. 长期计划**

长远目标仍然与所追求的整个生活方式密切相关——你想从事的职业类型，你是否想结婚，你向往的家庭类型，你追求的总的生活境况。设计将来应当有一些总体性的考虑，在考虑长远计划时，不必拘泥于细节，因为以后的变化太多。应该有一个全局性的计划，但又要具有一定的灵活性。

**2. 中期计划**

中期目标是5年左右的目标，它包括你正渴望得到的那种专门的训练和教育，你生活历程中的经验。你要能够较好地把握住这些目标，并且在实施中预见你能否达到目的，并按照情况的变化不断调整努力的方向。

**3. 短期计划**

短期目标指的是1个月至1年的目标。你要很现实地确定这些目标，并且能够迅速明晰地说出你是否正在实现它们。不要为自己设立不可能实现的目标。人总是希望自己有所进步，但也不能要求过高，以免达不到而挫伤信心。目标要实际，但更要不惜一切去实现。

**4. 小计划**

小目标指的是1天到1个月的目标。控制这些目标比控制较长远的目标容易得多。你能列出下一个星期或一个月要做的事，并且你完成计划也是大有可能的（假如你的计划是合理的话）。假如你发现你的计划过大，以后要修改它。考虑到的整块时间越小，你就越能控制每一整块的时间。

第六章

# 梦想变现的时间，取决于你迎接它的姿态

## 发牌的是上帝，出牌的是自己

人生的轨迹不是别人的标尺可以度量的，自己才是自己的主人，所以不能依仗别人的脚步，要大胆地往前走，开辟属于自己的道路。

有一个出身名校的大学生，毕业时被分配到一个让人们眼红的政府机关，干着一份惬意的工作。好景不长，他开始陷入苦闷，原来他的工作虽轻松，但与所学专业毫无关系。他可是经济专业的高才生啊，在机关里并无用武之地。

他想辞职外出闯天下，却又留恋眼下这一份舒适的工作。外面的世界虽然很精彩，风险也大啊。无奈之下，他就将自己的困惑告诉了他最敬重的一位长者。长者一笑，给他讲了一个故事：一个农民在山里打柴时，拾到一只样子怪怪的鸟。那只怪鸟和出生刚满月的小鸡一样大小，还不会飞，农民就把这只怪鸟带回家给小女儿玩耍。调皮的小女儿玩够了，便将怪鸟放在小鸡群里充当小鸡，让母鸡养育。

怪鸟长大后，人们发现它竟是一只鹰，他们担心鹰再长大一些会吃鸡。然而，那只鹰和鸡相处得很和睦，只是当鹰出于本能飞上天空再向地面俯冲时，鸡群会产生恐慌和骚乱。渐渐地，人们越来越不满，如果哪家丢了鸡，便会首先怀疑那只鹰——要知道鹰终归是鹰，生来是要吃鸡的。大家一致强烈要求：要么杀了那只鹰，要么将它放生，让它永远也别回来。因为和鹰有了感情，这一家人决定将鹰放生。

谁知，他们把鹰带到很远的地方放生，过不了几天那只鹰又飞回来了，他们驱赶它不让它进家门，甚至将它打得遍体鳞伤都无法让它离开。

后来村里的一位老人说："把鹰交给我吧，我会让它永远不再回来。"老人将鹰带到附近一个最陡峭的悬崖旁，将鹰狠狠向悬崖下的深涧扔去。那只鹰开始如石头般向下坠去，然而快要到涧底时它终于展开双翅托住了身体，开始缓缓滑翔，最后轻轻拍了拍翅膀，就飞向蔚蓝的天空。它越飞越高，越飞越远，渐渐变成了一个小黑点，飞出了人们的视野，再也没有回来。听了长者的故事，年轻人似有所悟。几天后，他辞去了公职外出打拼，终有所成。

每一个人都有他自己的人生，顾虑太多，反而会失去更多。当你把外部的所有可能影响你的东西切断以后，你就会发现，只有自己才能主宰命运的沉浮。

人生的风风雨雨，只有靠自己去体会、去感受，任何人都不能为你提供永远的庇护。你应该掌握前进的方向，把握目标，让目标似灯塔般在高远处闪光；你应该独立思考，有自己的主见，懂得自己解决问题。是雄鹰，总会有展翅的一天。所以，不要总是把别人看成是救世主，要始终坚信，在人生的牌局上，只有自己才是自己的上帝。

## 牌不在于好坏，而在于你想不想赢

生活中很多人有成功的愿望，但愿望和信念不一样。愿望只是静态的："我希望成功，希望富有，希望很有成就……"而信念则是动态的："我要获得成功，要创造财富，要获得成就……"一个拥有坚定信念的人，坚信成功会在不久到来，所以一直努力坚持，用自己最大的努力向成功迈进。

原籍中国广东的泰国华侨、亚洲最大的富翁之一、泰国的头号大亨、泰国盘谷银行的董事长陈弼臣，其父亲只是泰国曼谷某商业机构的一名普通秘书。陈弼臣儿时被父亲送回中国接受教育。17岁那一年因家境贫困被迫辍学。返回曼谷后，陈弼臣做过搬运夫、售货小贩以及厨师，同时还为两家木材公司做账目，日子就在他精打细算的盘算中度过。四年之后，陈弼臣终于从一家建筑公司职位低微的秘书，晋升为部门经理。后来，在几位朋友的赞助下，他集资创办了一家五金木材行，自任经理。经过艰苦的奋斗，攒了一些钱后，陈弼臣又接连开了三家公司，致力于木材、五金、药物、罐头食品以及大米的外销业务。当时，泰国被日本占领，陈弼臣的生意可想而知。但是，陈弼臣一边抗日，一边做生意，业务在他的打理下渐渐兴隆。

1944年底，陈弼臣与其他10个泰国商人集资20万美元创立了盘谷银行，职员仅仅23人。银行正式营业后，陈弼臣经常与那些受尽了列强凌辱、被外国大银行拒之于门外的华裔小商人来往。尽管那些贫穷的小商人时常突如其来地闯进陈弼臣的家中，但仍然受到陈弼臣的礼遇。

关于这一点，陈弼臣后来说："在亚洲开银行是做生意，不是只做金融业务。当我判断一笔生意是否可做时，只观察这个顾客本人，观察他的过去和他的家庭状况。"

陈弼臣最初负责银行的出口贸易，因此与亚洲各地的华人商业团体建立了广泛的联系，并且积累了丰富的业务知识和经验，大大推进了盘谷银行的出口业务。在他出任盘谷银行的总裁后，一直是这家银行的中流砥柱。

经过多年的艰苦奋斗，陈弼臣已跨进亚洲的大富翁之列。

陈弼臣的成功史，其实是一部白手起家的创业史。他没有继承祖业，也没有飞来的横财，他经过苦苦地寻觅，一直不甘落后，渴望成功，终于找到了属于自己的那一片蓝天、自己的那一方土地，找到了发展机遇。这一切都是他不听任命运摆布的结果。

历史上的众多人士就是因为心中怀着成功的信念，才能够留名史册。司马迁凭着自己坚定的信念，历经各种坎坷，搜集到了大量的历史素材和社会素材，才完成了名垂千古的《史记》。

元朝的时候，一名女子出身贫苦，并且是别人的童养媳，凭借着坚强的意志逃到了海南岛，并在那里与当地的人民一起生活了几十年，而后发明了纺织机，这个人就是黄道婆。生于并处于恶劣的条件下，她就是凭着“誓为祖国报效”的坚定信念取得了成功，假若黄道婆没有坚定信念她就不会逃到海南岛，也不会发明纺织机。

一个看不到屋外的阳光、听不到大自然的声音的女孩却能够赢得世人的尊重，她就是海伦·凯勒。她以自己坚强的意志力，以“热爱生命、刻苦学习”的信念不向命运屈服并最终获得了成功。马克思凭借对人类社会改良的信念，在众多的批判声中依然坚持自己的意见，终于完成了《资本论》，并成为社会主义思想的奠基人和创始人之一。

无论古今中外，成功的人都怀着一个必定成功的信念，也正是这些信念，不断地支持着他们在成功的路上披荆斩棘，一路向前。一个人能否成功，关键还在于他是否具有坚定不移的信念。踏过人生的重重阻挠，为自己的明天而努力！

## 不能改变手中的牌，就改变出牌的方式

有人这样解读“命运”：“命”是由基因决定的，是伴随我们一生难以改变的那一部分；“运”则是后天形成的，是可以

通过我们的努力加以改变的。有时，我们会有一个不如常人的出身，会有贫寒的童年，甚至会有残缺的身体，这些就像手中拿到的坏牌，这是不可变更的。但是，究竟怎样来玩这把牌，主动权在我们的手里，我们可以变换出牌的方式，尽全力得到最好的结果。美国心理学家福·汤姆逊有一次外出回家，天色已晚，大街上静悄悄的，连个人影都没有。他摸了摸旧大衣口袋里的2000美元，心里不免为之担忧。因为当时强盗很猖獗，人们外出时往往带上几美元，以在被劫时乖乖奉上，保全自己的性命。

汤姆逊边走边警惕地观察四周，果然发现身后几米远的地方，有个戴鸭舌帽的彪形大汉紧紧尾随着他。他慢跑快走，怎么也甩不掉这个“尾巴”。汤姆逊毕竟是个心理学家，他急中生智，冷不防地向后转，朝大汉迎面走去，并用凄惨的声音对大汉说：“先生发发慈悲，给我几角钱吧！我快饿得发昏了。”

大汉上下打量他一番，见他一副寒酸相，嘟囔着说：“倒霉！我还以为你口袋里有钱哩！”说完，他从口袋里摸出一点儿零钱抛给汤姆逊，然后把大衣领子竖起来半遮着脸，很快闪进黑暗里去了。

你一定会说：太聪明了！的确，善于找方法的人无论面临怎样的困境都能将主动权紧紧掌握在自己手中。

企业无不喜欢“玩好坏牌”的员工，有了这种精神和智慧，无论是在工作中还是生活中，都可以把问题解决得很好。

有一个人卖菜，每天挑担子去菜市场，一天大概能赚两百块，生活过得不松不紧。可是他观察到，在台湾，人们在农历每月的初二和十六，都要拜土地爷。很多公司的会计或采购小姐会到菜市场买鱼、买肉、买水果等。他就灵机一动，如果他们都需要出来买东西，就不能在公司工作了，对老板来说，这是不划算的。如果我提供给他们这样的服务，那不是有了很大的赚钱机会吗？于是他去了一栋16层的大楼，共有160家公司。他对那些公司的老板说："我是菜市场卖菜的，就在你们这栋楼附近。我看你们的会计每个月都需要出来买菜，每个月要浪费两天的工作时间，你们发给他们的工资不是让他们来买菜的，买菜这种事我来做好了。我这儿有三种菜单可以让你选，一种是A餐，一种是B餐，一种是C餐。A餐有水果、有鸡鸭鱼肉、有饼干，还有烧的那些'金子银子'；B餐有水果、糖果、饼干和拜烧的东西，但是没有肉；C餐有饼干、拜烧的东西，可是没有水果。A餐台币1500块，B餐1000块，C餐500块，一个月两次准时配送到你公司，只要一年结四次账，每季度结一次就好。"

于是，很多公司都开始预订定C餐，因为它分最便宜。可是每次拜土地爷的时候发现，隔壁那一家供的是B餐，土地爷会不会去吃B餐而不来吃C餐？所以他们下一次的供品全部都改成B餐，结果又发现别人先走了一步，已经用A餐了，所以他们又全部都改成A餐。A餐1500块，一个月两次共3000块，这栋楼有160家公司，就是48万，一年就是576万，而他现在已经管15栋楼了，营业额将近一个亿。

卖菜也能卖出花样，卖出创意，并能根据人们的心理引导大家的消费，不可谓不聪明。如果有更多的人具有卖菜人的智慧，生活和工作至少会变得更好一些。

不能改变手中的牌，就改变出牌的方式。这是一种智慧，是一种变通，是一种寻求方法的途径。当问题出现时，就像我们的手中握着一把糟糕的牌，状况难以改变，我们只能改变自己的思路，改变行事的方法，力求将“坏”变成“好”，继而让自己变得优秀，变得卓越。

## 晒晒自己的优点，越臭的牌局越需要掌声

很多人对自己的评价往往是这样的：我不行，我没有某某的才干，我没有某某貌美，我没有某某有人缘，我是这几个人中最差的一个，我……总之一堆堆消极的评价，对自己这样的评价看起来没什么，实际上会对一个人的发展产生巨大的影响。人应当适时“晒晒”自己的优点。

一个对自己具有消极评价的人在做事情的时候总会缩头缩尾，放不开手脚，所以自身的能力总得不到最大化的发挥，所以可想而知，一个不发挥自己能力的人和一个将自己的能力极大地发挥出来的人相比较，孰强孰弱，一目了然。

一个消极的评价也会影响自己的心情，总觉得自己不如别人，所以做事情就会缺乏信心，有时候即使有好的机会来临，对自己评价消极的人也会让机会白白溜走，因为对自己没有信心，所以就不敢去抓机会。人实际上应当多给自己一些积极的评价，这样会更有助于自己的成长。

一个喜欢棒球的小男孩，生日时得到一个新的球棒。他激动万分地冲出屋子，大喊道："我是世界上最好的棒球手!"他把球高高地扔向天空，举棒击球，结果没中。他毫不犹豫地第二次拿起了球，挑战似的喊道："我是世界上最好的棒球手!"这次他打得更带劲，但又没击中，反而跌了一跤，擦破了皮。男孩第三次站了起来，再次击球。这一次准头更差，连球也丢了。他望了望球棒道："嘿，你知道吗，我是世界上最伟大的棒球手!"

每个人都需要给自己一个积极的评价，特别是当你身处逆境的时候，赞美自己可以使你更加自信。尼采说："每个人距自己是最远的。"这句话的意思是说，人类最不了解的是自己，最容易疏忽的也是自己。

有人说，演员必须有人赞美，如果好长时间没人赞美，他就应自己赞美自己，这样才能保持舞台激情，保持自信。员工需要老板的褒奖，学生需要老师的表扬，孩子需要父母的肯定，都是一个道理。人们的心灵是脆弱的，需要经常的激励与抚慰，常常自我激励、自我表扬，会使自己的心灵快乐无比，时常拥有自信。

一个人只有时刻保持自信和快乐的感觉，才会使自己在不顺心的生活中更加热爱生命、热爱生活。只有快乐、愉悦的心情，才能催动人的创造力和人生动力。只有不断给自己创造快乐，才能远离痛苦与烦恼，才能拥有快乐的人生。

这种对自我的赞美，正是一颗深深地植根于自己灵魂中的种子，最后一定会在现实生活中结出无数颗能展示生命之美的果实。

自我赞美，会成为创造奇迹的动力。当年拿破仑在奥辛威茨不得不面临着数倍于自己的强敌时，拿破仑对即将投入战斗的将士们说："……我的兄弟们，请你们记住：我们法兰西的战士，是世界上最优秀的战士，是永远都不可战胜的英雄！当你冲向敌人的时候，我希望你们能高喊着：我是最优秀的战士，我是不可战胜的英雄！"战斗中，法国将士高喊着"我是最优秀的战士，我是不可战胜的英雄"的口号，他们以一当十，摧枯拉朽地大败奥、俄等国的联军。

给自己一个积极的评价，适时赞美自己，你就可以从中获得不可战胜的力量；可以使自信的阳光融化心中的胆怯和懦弱；可以唤醒生命里沉睡的智慧和能力，从而推动事业的蓬勃发展；赞美自己，你的灵魂从此将不再迷失在绝望的黑暗里……

人生是场牌局，每个人都有手握烂牌的时候，都遇到过牌局中的逆境，此时，自暴自弃就是赢牌的大敌，只有能够看到自身优势、自己给自己掌声的人才可能创造奇迹。对于我们每个人来说，得到别人的赞美都是不容易的，此时要懂得自己赞美自己，赞美让人自信，催促自己奋进！

## 最大的破产是绝望，最大的资产是希望

现实生活中，有的人常常感到实际中的“我”离理想中的“我”太遥远了。一方面在为自己设想一条成功之路，另一方面又悲叹自己无力去实现……

为什么有的人在平凡的工作中，却干出了不平凡的成绩，而有的人终生都一事无成？问题不在于一个人的“天赋”有多高，而在于人们常常看不清自己，难以认识自己所拥有的一切，不论是你的外貌、才能、身高、人脉，都是你可以拿出来的资本。只是我们不能很好地利用这些资源，导致机会的错失。

罗琳太太是一家500强公司的清洁工，她手脚不是很勤快，但嘴巴却总是闲不住，经常与人搭讪，手机也是天天响个不停，好像比公司的经理还要忙。

一天，公司的员工们聚在一起聊天，汤姆突然感叹道：“我们连罗琳太太都不如啊!”见到别人诧异，他又说：“你猜她每个月能赚多少钱？”一个清洁工，薪水再高能高哪去？有人说500，有人说800，但汤姆只是摇摇头，伸出了四个指头，于是有人就“大胆”地猜测：“不会是4000吧，挺厉害的呀。”

“什么4000？是4万美元!她每个月至少可以赚4万!”

“不会吧？”大家惊讶得眼珠子都差点掉下来。

“是她自己跟我说的。”汤姆笑着说，“罗琳太太还说，做清洁工只是一个平台，我觉得她完全可以做一个CEO了!”

原来，罗琳太太借着到公司做清洁工，打听公司里谁需要找钟点工，谁需要租房子，然后就当起了中介，收取中介费。罗琳太太还自己买了一套房子，并以一万的月租把这套房子租了出去。罗琳太太借清洁工这个平台延伸出的另一项业务是卖保险。公司里面有不少员工都已经向罗琳太太买了几万元的保险。

罗琳太太就善于运用自己所拥有的东西，利用善于和人打交道这个特点寻找适当的客户、选择合理的沟通方法以及适时地转变经营项目。

在日常生活中，当两个企业之间进行竞争的时候，无数个回合都难以决出胜负的时候，如果其中一个企业能够充分发挥自身企业优于对手的地方，认识到对方的弱项，并对自己的强项进行深入地发掘、发展，那么就很有可能在竞争中取胜。这和人与人之间的道理是一样，比如：小张和小王进行竞争，小张是一个充满奇思妙想的人，而小王却没有小张的思维活跃，但是小王却是一个极细心和耐心的人，那么这一点就可以作为小王的强项与小张进行对比，而不是在奇思妙想上与小张进行竞争，这显然会吃亏的。竞争的时候，小王如果尽力处处彰显细心的力量，体现一个人细心所带来种种优势，就很可能在这方面战胜小张。

一个人的身上总会有最闪光的地方，就像电视剧《士兵突击》中的许三多一样，他虽然不是很聪明，但是他身上闪现的是人最本质、最纯真的东西，在时间的不断证实中，他也一样光彩照人，甚至比别人更加出色。我们每个人都可以做出惊人的成绩，如果将自身拥有的最突出的、上天赠予的不同于别人的优秀本能发掘出来，就离成功越来越近。人身上的这种力量一旦被唤醒，即便在最卑微的生命中，也能像酵母一样，对身心起发酵净化作用，增加人工作的力量。

不论是生活处于什么样的困境，我们每一个人都要相信自己身上永远有着一张拿得出手的牌，在生活中不断发掘自身的潜力，认识自我，就可以在关键的时候打出这张牌。

## 不怕输是你的资本，不放弃是你的底气

生活中，有人为低工资而懊恼、忧郁，猛然发现邻居大嫂已经下岗失业，于是又暗暗庆幸自己还有一份工作可以做，虽然工资低一些，但起码没有下岗失业，心情转眼就好了起来。很多人总是看重自己的痛苦，而对别人的痛苦忽略不计。当自己痛苦不堪的时候，要是能够换一个角度来思考，痛苦的程度就会大大减弱。当自己兴高采烈的时候，应多向上比，会越比越进步；当自己苦恼郁闷的时候，应多向下比，会越比越开心。

所以，很多时候，我们要多看到自己的优点，看到自己所拥有的，而不是抓住自己的缺点或者不曾拥有的东西不放。人生最可怜的事，不是生与死的诀别，而是面对自己所拥有的，却不知道它是多么的珍贵。

从前有一个流浪汉，不知进取，每天只知道拿着一个碗向人乞讨度日，最后终于有一天，人们发现他饥饿而死。他死后，只留下了那个他天天向人要饭用的碗。有人看到这个碗，觉得有些特别，就带回家仔细研究，后来发现，原来流浪汉用来向人乞讨的碗，竟是价值连城的古董。

《法华经》记载了这样一个故事：有个穷人探访一位有钱有地位的富翁亲戚。富翁同情他，故热诚款待，结果穷人酒醉不醒。恰好这时官方通知富翁有要事需要他处理，富翁想推醒穷人，向他告别，但穷人不醒，富翁只好悄悄地把一些珠宝塞进他的破衣服之中。

穷人醒后，浑然不知，依然如同往常，四处流浪。过了一些时日，两个人偶遇，富翁告诉他衣服中藏宝的真相，穷人方才如梦初醒。原来这么多日子以来，自己身上有“宝藏”也不知道!

每个人身上就拥有很大的潜能，只是大多数人都毫无察觉。20世纪90年代，由于受亚洲金融风暴的影响，香港经济萧条，各行各业传来裁员的消息，社会上一下子出现了很多的“穷人”。有些人怨天怨地，自暴自弃；有些人担惊受怕，惶惶不可终日。人们都指望老天爷搭救，幻想买六合彩、赌马、打麻将能发财。

这时一位学者站出来呼吁说：“大家为什么不冷静地反省、思索，面对经济不景气，自己还有哪些潜藏的本事、才能没有发挥？凭自己的实力、条件，还有哪些事业、工作可以去拼搏？”

如同那位身怀“宝藏”却仍四处流浪的穷人一样，我们要仔细地“搜查”一下自己，看看自己的潜能在哪里。找到宝藏后，你还会失落惆怅吗？

所以，我们不要总把眼光局限在自身的坏牌上，实际上，别人手中的牌也并非都是好牌。这样去想，你才能不至于太自卑、太绝望，才能保持必胜的决心，坚强地走下去。

## 自己想要什么，就去努力得到什么

我们很可能遇到这样的情形：有时候会觉得所有的问题都会接踵而至，所有的难题似乎都在同一时间之内抛向了你，于是你开始晕头转向，觉得为什么自己的运气会这么差？而每每这个时候，人越是要慎重走好每一步，每一步都要经过深思熟虑，只要深思熟虑之后不走错路，这些问题才能迎刃而解，自己的前途才能无限光明。

做任何事情，都既要勤奋刻苦，又要开动脑筋想办法。傻瓜喜欢速决：他们不顾障碍，行事鲁莽，干什么事都急匆匆的；有时候尽管判断正确，却又因为疏忽或办事缺乏效率而出差错；在遇到难题的时候，不是积极主动地寻找方法，而是默默地待在那里等待时间去自行解决。但是智者却不会这样，他们一生都在开动脑筋，积极寻找新的方法，为人类解决了很多曾被认为是根本解决不了的问题。在现代社会，每个人都在想尽一切办法来解决生活中的问题，而且，最终的强者也将是善于寻找新方法的那一部分人。

稻盛和夫在日本经济界享有很高的声誉。他所创办的京都陶瓷公司，是日本最著名的高科技公司之一。该公司刚创办不久，就接到著名的松下电子的显像管零件U形绝缘体的订单。这笔订单对于京都陶瓷公司的意义非同一般。

但是，与松下做生意绝非易事，商界对松下电子公司的评价是："松下电子会把你尾巴上的毛拔光。"对新创办的京都陶瓷公司，松下电子虽然看中其产品质量好，给了他们供货的机会，但在价钱上却一点都不含糊，且年年都要求降价。对此，京都陶瓷有一些人很灰心，因为他们认为：再这样做下去的话，根本无利可图，不如干脆放弃算了。但是，稻盛和夫认为：松下出的难题，确实很难解决，但是，屈服于困难，也许是给自己找借口，只有积极主动地想办法，才能最终找到解决之道。

经过再三摸索，京都陶瓷公司创立了一种名叫"变形虫经营"的管理方式。其具体做法是将公司分为一个个的"变形虫"小组，作为最基层的独立核算单位，将降低成本的责任落实到每一个人身上。即使是一个负责打包的员工，也都知道用于打包的绳子原价是多少，明白浪费一根绳会造成多大的损失。这样一来，公司的营运成本大大降低，即便是在满足松下电子苛刻的条件下，利润也甚为可观。

有些问题的确非常顽固，想了许多办法，仍无法解决。于是有人便认为“已是极限”，或是“已经尽力”，再去努力也是白搭。当你真正经过一番努力奋斗后，就知道所谓“难”，其实只是自己的“心灵桎梏”。解决问题的关键不在于问题本身，而在于我们没有解开自己的心结，在于我们没有用心去“想”。不怕问题困难，就怕不想。就好像一把钥匙开一把锁，每一个问题都会有解决的办法，而这把解决问题的钥匙，就在我们自己身上。

想办法是有办法的前提条件。在面对一个问题时，如果不积极思考，努力寻找应对之策，那么，即使你是一名天才，面对该问题，你仍会一筹莫展。所以我们就要开动自己的脑筋走好每一步，才能够让坏牌变好牌！

第七章

# 从来没有一条坦途，是通往梦想的路

## 用最坚硬的姿态去对抗命运的戏谑

“没有永久的幸福，也没有永久的不幸”，尽管在生活中，我们每个人都会遇到各种各样的挫折和不幸，而且有的人不仅仅要承受一种磨难，甚至受打击的时间可以长达几年、十几年，但是让人极度讨厌的厄运也有它的“致命弱点”，那就是它不会持久存在。

人们在遭受了生活的打击之后，总是习惯抱怨自己的命运不好，身边没有能够帮忙的朋友，家世也不好，没有可依靠的父母等等。其实抱怨并不能解决问题，当问题发生的时候，我们一定要相信——厄运不久就会远走，好运迟早会到来。

匹兹堡有一个女人，她已经35岁了，过着平静、舒适的中产阶层的家庭生活。但是，她突然连遭四重厄运的打击。丈夫在一次事故中丧生，留下两个小孩。没过多久，一个女儿被烤面包的油脂烫伤了脸，医生告诉她孩子脸上的伤疤终生难消，母亲为此伤透了心。她在一家小商店找了份工作，可没过多久，这家商店就关门倒闭了。丈夫给她留下一份小额保险，但是她耽误了最后一次保费的续交期，因此保险公司拒绝支付保费。一连串的打击接踵而至。

碰到一连串不幸事件后，女人近于绝望。她左思右想，为了自救，她决定再做一次努力，尽力拿到保险补偿。在此之前，她一直与保险公司的普通员工打交道。当她想面见经理时，一位接待员告诉她经理出去了。她站在办公室门口无所适从，就在这时，接待员离开了办公桌。机遇来了。她毫不犹豫地走进了经理的办公室，结果，看见经理独自一人在那里。经理很有礼貌地问候了她。她受到了鼓励，沉着镇静地讲述了索赔时碰到的难题。经理派人取来她的档案，经过再三思索，决定应当以德为先，给予赔偿，虽然从法律上讲公司没有承担赔偿的义务。工作人员按照经理的决定为她办了赔偿手续。

但是，由此引发的好运并没有到此中止。好心的保险公司经理尚未结婚，对这位年轻寡妇一见倾心。他给她打了电话，几星期后，他为寡妇推荐了一位医生，医生为她的女儿治好了病，脸上的伤疤被清除干净；经理通过在一家大百货公司工作的朋友给寡妇安排了一份工作，这份工作比以前那份工作好多了。不久，经理向她求婚。几个月后，他们结为夫妻，而且婚姻生活相当美满。

这个故事很好地阐释了厄运与好运的意义，厄运不会一直存在于我们的生活里，即使是现在深陷困境，也会在不久之后就等到了厄运的夭折期。

易卜生说：“不因幸运而故步自封，不因厄运而一蹶不振。

真正的强者，善于从顺境中找到阴影，从逆境中找到光亮，时时校准自己前进的目标。”

任何时候，都不要因厄运而气馁，厄运不会时时伴随你，阴云之后的阳光很快就会来临。

## 冬天总会过去，春天迟早会来临

四时有更替，季节有轮回，严冬过后必是暖春，这符合大自然的发展规律。在我们人类眼中，事物的发展似乎也遵循着这一条规律，否极泰来、苦尽甘来、时来运转等成语无不反映了人们的一种美好愿望：逆境达到极点就会向顺境转化，坏运到了尽头好运就会到来。所以，我们坚信，没有一个冬天不可逾越，没有一个春天不会来临。这是对生活的信心，也是对生活的希望，有了信心与希望，无论事情多糟糕，我们也会有面对现实的勇气和决心。

约翰是一个汽车推销商的儿子，是一个典型的美国孩子。他活泼、健康，热衷于篮球、网球、垒球等运动，是中学里一个众所周知的优秀学生。后来约翰应征入伍，在一次军事行动中，他所在部队被派遣驻守一个山头。

激战中，突然一颗炸弹飞入他们的阵地，眼看即将爆炸，他果断地扑向炸弹，试图将它丢开。可是炸弹却爆炸了，他重重地倒在地上，当他向后看时，发现自己的右腿右手全部炸掉，左腿变得血肉模糊，也必须截掉了。一瞬间他想哭，却哭不出来，因为弹片穿过了他的喉咙。人们都以为约翰再也不能生还，但他却奇迹般地活了下来。

是什么力量使他活了下来？是格言的力量。在生命垂危的时候，他反复诵读贤人先哲的这句格言："如果你懂得苦难磨炼出坚韧，坚韧孕育出骨气，骨气萌发不懈的希望，那么苦难最终会给你带来幸福。"约翰一次又一次默念着这段话，心中始终保持着不灭的希望。然而，对于一个三截肢(双腿、右臂)的年轻人来说，这个打击实在太大了!在深深的绝望中，他又看到了一句先哲格言："当你被命运击倒在最底层之后，再能高高跃起就是成功。"

回国后，他从事了政治活动。他先在州议会中工作了两届。然后，他竞选副州长失败。这是一次沉重的打击。但他用这样一句格言鼓励自己："经验不等于经历，经验是一个人经过经历所获得的感受。"这指导他更自觉地去尝试。紧接着，他学会驾驶一辆特制的汽车并跑遍全国，发动了一场支持退伍军人的事业。那一年，总统命他担任全国复员军人委员会负责人，那时他34岁，是在这个机构中担任此职务最年轻的一个人。约翰卸任后，回到自己的家乡。1982年，他被选为州议会部长，1986年再次当选。

后来，约翰已成为亚特兰城一个传奇式人物。人们可以经常在篮球场上看到他摇着轮椅打篮球。他经常邀请年轻人与他进行投篮比赛。他曾经用左手一连投进了18个空心篮。一句格言说：“你必须知道，人们是以你自己看待自己的方式来看你的。你对自己自怜，人家则会报以怜悯；你充满自信，人们会待以敬畏；你自暴自弃，多数人就会嗤之以鼻。”一个只剩一条手臂的人能成为一名议会部长，能被总统赏识担任一个全国机构的要职，是这些格言给了他力量。同时，他的成功也成了这些格言的有力佐证。

天无绝人之路，生活有难题，同时也会给我们解决问题的能力与方法。

约翰之所以能够生存下来并创造事业的辉煌，是因为他坚信人生没有过不去的坎儿，坚信冬天之后春天会来临。他在困难面前没有低头，昂首挺进，直至迎来了生命的春天。

生活并非总是艳阳高照，狂风暴雨随时都有可能来临。但是每一个人都需要将自己重新打理一下，以一种勇敢的人生姿态去迎接命运的挑战。请记住，冬天总会过去，春天总会来到，太阳也总要出来的。度过寒冬，我们一定会生活得更好。

## 熬过最难熬的日子，便是阳光满地

我们的才华、我们的潜力、我们的前程，如果没有胆量的推动，很可能只是一场镜花水月，当梦醒来，一切也就醒了。

生命是储存罐，里边有各种财宝可以挖掘，如果想跟生活打交道，就必须学会使用勇气的开罐器，只有用百倍的勇气来同生活抗争，你才能从生命的储存罐里尝到甜头。

一个永不丧失勇气的人是永远不会被打败的。就像弥尔顿所说的："即使土地丧失了，那有什么关系。即使所有的东西都丧失了，但不可被征服的意志和勇气是永远不会屈服的。"如果你以一种充满希望、充满自信的精神进行工作的话，如果你期待着自己的伟业，并且相信自己能够成就这番伟业的话，如果你能展现出自己的勇气的话——任何事情都不能阻挡你前进，你可能遇到的任何失败都只是暂时性的，你最终必定会取得胜利。

另一方面，如果你觉得自己非常渺小，如果你认为自己是一个效率很低、微不足道的人，并且你不相信自己可以出色地完成任务的话——这就会限制你可能达到的人生高度。你不可能超越你的想象。自我贬低和害羞怯懦不但阻止了你的进步，而且严重损害了你的整个职业生涯，甚至还会损害到你的身体健康。

自信和勇气是积极的品质，而恐惧和焦虑则是消极的品质，二者在人的大脑中水火不容。你要么是强大有力、充满信心的，要么就是虚弱和感伤的，面对一项重大的工作你总是采取回避态度。任何破坏你勇气的东西都会破坏你的力量、你的效率及工作效能。

“勇气是在偶然的机会中激发出来的。”莎士比亚说。除非你让自己时刻保持一种接受勇气的态度，否则，你不要指望自己的身上会时时刻刻体现出巨大的勇气。在就寝前的每个夜晚，在起床时的每个清晨，你都要对自己说“我会做到的，我能行”，并以此作为自己坚定的信条，然后充满自信地勇敢前进。

## 历练太少，就会被挫折绊倒

如果看看世界上那些成功人士的生平经历，就会发现，那些声振寰宇的伟人，都是在经历过无数的失败后，又重新开始拼搏才获得最后的胜利的。

帕里斯的成功之路是艰辛的。

1510年，帕里斯出生在法国南部，他一直从事玻璃制造业，直到有一天看到一只精美绝伦的意大利彩陶茶杯。这一瞥，改变了他一生的命运。

“我也要造出这样美丽的彩陶。”这是他当时唯一的信念。

他建起煅炉，买来陶罐，打成碎片，开始摸索着进行烧制。

几年下来，碎陶片堆得像小山一样，可他心目中的彩陶却仍不见踪影，他甚至无米下锅了。迫不得已他只得回去重操旧业，挣钱来生活。

他赚了一笔钱后，又烧了3年，碎陶片又在砖炉旁堆成了大山，可仍然没有结果。

长期的失败使人们对他产生了看法。都说他愚蠢，是个大傻瓜，连家里人也开始埋怨他。他也只是默默地承受。

试验又开始了，他十多天都没有脱衣服，日夜守在炉旁。燃料不够了。他拆了院子里的木栅栏，怎么也不能让火停下来呀。又不够了!他搬出了家具，劈开，扔进炉子里。还是不够，他又开始拆屋子里的地板。噼噼啪啪的爆裂声和妻子儿女们的哭声，让人听了鼻子都是酸酸的。马上就可以出炉了，多年的心血就要有回报了，可就在这时，只听炉内“嘭”的一声，不知是什么爆裂了。所有的产品都沾染上了黑点，全成了次品。

眼看到手的成功，又失败了!帕里斯也感受到了巨大的打击，他独自一人到田野里漫无目的地走着。不知走了多长时间，优美的大自然终于使他恢复了心里的平静，他平静地又开始了下一次试验。

经过16年无数次的艰辛实验，他终于成功了，而这一刻，他却一片平静。他的作品成了稀世珍宝，价值连城，艺术家们争相收藏。他烧制的彩陶瓦，至今仍在法国的卢浮宫上闪耀着光芒。

他的成功来得何等不易，在一次又一次的失败中一次又一次的重新站起，这正是帕里斯成功的秘诀。

奋斗者不相信失败。他们将错误当作是学习和发展新技能及策略的机会，而不是失败。有人认为失败一无是处，只会给人生带来阴暗。其实恰恰相反，人们从每次错误中可以学习到很多东西，并调整自己的路线，重新回到正确的道路上来。错误和失败是不可避免的，甚至是必要的；它们是行动的证明——表明你正在努力。你犯的错误越多，你成功的机会就越大，失败表示你愿意尝试和冒险。奋斗者应该明白：每一次的失败都使你在实现自己梦想的道路上前进了一步。

西奥多·罗斯福说："最好的事情是敢于尝试所有可能的事，经历了一次次的失败后赢得荣誉和胜利。这远比与那些可怜的人们为伍好得多，那些人既没有享受过多少成功的喜悦，也没有体验过失败的痛苦，因为他们的生活暗淡无光，不知道什么是胜利，什么是失败。"在这个世界上，有阳光，就必定有乌云；有晴天，就必定有风雨。从乌云中挣脱出来阳光会显得更加灿烂，经历过风雨的洗礼，天空才能更加湛蓝。人们都希望自己的生活平静如水，可是命运却给予人们那么多波折坎坷。此时，我们要知道，困难和坎坷只不过是人生的馈赠，它能使我们的思想更清醒、更深刻、更成熟、更完美。

所以，不要害怕失败，在失败面前，只有永不言弃者才能傲然面对一切，才能最终取得成功，其实，失败真的不过是从头再来!

## 知耻而后勇，丢脸是你最好的磨炼

我们曾经听说过很多在“丢脸”当中不断成长并最终取得了巨大成就的人，“英语口语教父”李阳就是其中之一。

李阳从英语不及格到成为著名的英语教师，从不敢接电话、不敢和陌生人说话，到全球著名的中英文演讲大师；从一个自卑的人，成长为千万人成功和自信的榜样；李阳创造了一个个奇迹，而在激励别人的时候，他总是喜欢说，我们要为热爱丢脸的人喝彩!

中国传统英语教学存在“不敢开口、不习惯开口”的两大心理障碍及怕丢脸、怕犯错误的心理陋习，李阳极力鼓励他的学生大声说英语。他认为疯狂英语的第一步就是要突破不敢开口、害怕丢脸的心理障碍。他说：“我特别喜欢犯错误丢人，因为你犯的错误越多，你的进步就越大。如果你想一辈子不犯错误，那么结果只有一个；当你80岁的时候，你仍然只会对人讲一句‘My English is very poor.’朋友们，请大家暂时把脸皮放进口袋里，尽管大声去说吧！重要的不是现在丢脸，而是将来不丢脸！”于是，“I enjoy losing my face（我热爱丢脸）”就成了李阳和广大英语学习者的行动口号。

别怕犯错误丢脸，因为你犯下的错误越多，学到的知识和经验就越多，你进步的可能性就越大。可是，传统观念里，人们总是为了保住自己的颜面而努力着，甚至于有一些人，为了面子问题丢失了性命也在所不惜。

公元前206年，项羽占有楚魏东部九郡之地，自封为西楚霸王，又违背先入关中者为关中王的前约，改封先入关中的刘邦为汉王，刘邦心中非常不快。

项羽的谋臣“亚父”范增知道刘邦的不满，也知道他定会东山再起，于是建议项羽找借口杀掉刘邦。

项羽就把刘邦找来，准备封刘邦为汉中王，他若去，定有储备实力、自封为王之心；若不去，正好可以杀死他。

刘邦听说项羽召见，虽然明知此去凶多吉少，又不能公然抗命不去，便在心中盘算着怎样应对这场智斗。刘邦来到殿前，恭恭敬敬地伏在地上，谦恭的样子使项羽心中异常受用，当即放松了警惕，就对刘邦放行了。刘邦谢恩退出大殿，急忙回到自己的营地，稍加打点，便率军急匆匆地向巴蜀进发。他决心以巴蜀偏塞之地为依托，招兵买马，养精蓄锐，待力量充实了，再还三秦，谋取天下。项羽闻知刘邦率军已向巴蜀进发，才感到范增所言极是，立即派季布带三千人马前去追赶，然而为时已晚。

后来刘邦广纳贤才，休兵养士，最终在众贤士的帮助下，使得不可一世的西楚霸王自刎乌江，统一天下。

只因一句“无颜见江东父老”，项羽舍弃了自己的性命，自刎乌江。可见，面子问题一直是中国人的软肋，无数的英雄志士都在为了面子而纠结。

可是，人的一生，谁又能保证不犯错？谁又能一次面子都不丢呢？如果你想逃避丢脸而一辈子不犯错，那么结果只有一个：当你白发苍苍的时候，你仍然什么都不会，因为你什么都不曾尝试去做。

民谚云：“要了脸皮，饿了肚皮。”有时害怕丢一次脸，就是白白让出了一条路。所以，不要害怕丢脸，更不应该躲避“丢脸”的历练，而应该拿出自己的勇气，勇敢面对一次又一次的波折，让自己在一次又一次的“丢脸”当中成长起来。

## 生活对你的每一次刁难，都是善意的提醒

想实现自己的梦想，就要有胆识有胆量，要勇敢地面对挑战，做一个生活的攀登者，只有这样才能攀上人生的顶峰，欣赏到无限的风景。有时候，白眼、冷遇、嘲讽会让弱者低头走开，但对强者而言，这也是另一种幸运和动力。

她从小就“与众不同”，因为小儿麻痹症，不要说像其他孩子那样欢快地跳跃奔跑，就连正常走路都做不到。寸步难行的她非常悲观和忧郁，当医生教她做一点运动，说这可能对她恢复健康有益时，她就像没有听到一般。随着年龄的增长，她的忧郁和自卑感越来越重，甚至，她拒绝所有人的靠近。但也有个例外，邻居家那个只有一只胳膊的老人却成为她的好伙伴。老人是在一场战争中失去一只胳膊的，老人非常乐观，她非常喜欢听老人讲故事。

这天，她被老人用轮椅推着去附近的一所幼儿园，操场上孩子们动听的歌声吸引了他们。当一首歌唱完，老人说道：“我们为他们鼓掌吧！”她吃惊地看着老人，问道：“你只有一只胳膊，怎么鼓掌啊？”老人对她笑了笑，解开衬衣扣子，露出胸膛，用手掌拍起了胸膛……

那是一个初春，风中还有几分寒意，但她却突然感觉自己的身体里涌动起一股暖流。老人对她笑了笑，说：“只要努力，一个巴掌一样可以拍响。你一样能站起来的！”

那天晚上，她让父亲写了一张纸条，贴到了墙上，上面是这样的一行字：“一个巴掌也能鼓掌。”从那之后，她开始配合医生做运动。无论多么艰难和痛苦，她都咬牙坚持着。有一点进步了，她又以更大的受苦姿态，来求更大的进步。甚至在父母不在时，她自己扔开支架，试着走路。她坚持着，她相信自己能够像其他孩子一样，她要行走，她要奔跑……

11岁时，她终于扔掉支架，她又向另一个更高的目标努力着，她开始锻炼打篮球和参加田径运动。

1960年罗马奥运会女子100米跑决赛，当她以11秒18第一个撞线后，掌声雷动，人们都站起来为她喝彩，齐声欢呼着这个美国黑人的名字：威尔玛·鲁道夫。

那一届奥运会上，威尔玛·鲁道夫成为当时世界上跑得最快的女性，她共摘取了3枚金牌，也是第一个黑人奥运女子百米冠军。

生活中，我们能够听到这样的话："立即干""做得最好""尽你全力""不退缩""我们能产生什么""总有办法""问题不在于假设，而在于它究竟怎样""没做并不意味着不能做""让我们干""现在就行动"。这些都是攀登者热爱的语言。他们是真正的行动者，他们总是要求行动，追求行动的结果，他们的语言恰恰反映了他们追求的方向。

生活中，当我们遭到冷遇时，不必沮丧，不必愤恨，唯有尽全力赢得成功，才是最好的答复与反击。不因幸运而故步自封，不因厄运而一蹶不振。真正的强者，善于从顺境中找到阴影，从逆境中找到光亮，时时校准自己前进的目标，人生的冷遇也可能成为你幸运的起点。

## 磨砺到了，幸福也就到了

世间很多事情都是难以预料的，亲人的离去、生意的失败、失恋、失业等等打破了我们原本平静的生活，以后的路究竟应该怎么走？我们应当从哪里起步？这些灰暗的影子一直笼罩在我们的头上，让我们裹足不前。

难道生活真的就这么难吗？日子真的就暗无天日吗？其实，并不是这样的。在这个世界上，为何有的人活得轻松，而有的人却活得沉重？因为前者拿得起，放得下，后者是拿得起，却放不下。很多人在受到伤害之后，一蹶不振，在伤痛的海洋里沉沦。只得到不失去的事情是不可能的，而一个人在失去之后，就对未来丧失信心和希望，又怎么在失去之后再得到呢？人生又怎能过得快乐幸福呢？

被誉为“经营之神”的松下幸之助9岁起就去大阪做一个小伙计，父亲的过早去世使得15岁的他不得不担负起生活的重担，寄人篱下的生活使他过早地体验了做人的艰辛。

22岁那年，他晋升为一家电灯公司的检察员。就在这时，松下幸之助发现自己得了家族病，已经有9位家人在30岁前因为家族病离开了人世。他没了退路，反而对可能发生的事情有了充分的精神准备，这也使他形成了一套与疾病作斗争的办法：不断调整自己的心态，以平常之心面对疾病，使自己保持旺盛的精力。这样的过程持续了一年，他的身体变得结实起来，内心也越来越坚强，这种心态也影响了他的一生。

患病一年来的苦苦思索，改良插座的愿望受阻后，他决心辞去公司的工作，开始独立经营插座生意。创业之初，正逢第一次世界大战，物价飞涨，而松下幸之助手里的所有资金少得可怜。公司成立后，最初的产品是插座和灯头，却因销量不佳，使得工厂到了难以维持的地步，员工相继离去，松下幸之助的境况变得很糟糕。

但他把这一切都看成是创业的必然经历，他对自己说："再下点工夫，总会成功的！已有更接近成功的把握了。"他相信：坚持下去取得成功，就是对自己最好的报答。功夫不负有心人，生意逐渐有了转机，直到6年后拿出第一个像样的产品，也就是自行车前灯时，公司才慢慢走出了困境。

1929年经济危机席卷全球，日本也未能幸免，销量锐减，库存激增。日本的战败使得松下幸之助变得几乎一无所有，剩下的是到1949年时达10亿元的巨额债务。为抗议把公司定为财阀，松下幸之助不下50次去美军司令部进行交涉。

一次又一次的打击并没有击垮松下幸之助，如今松下已经成为享誉全世界的知名品牌，这个品牌正是在不断的磨砺之中逐渐成长起来的。

如果当初在得知自己患上家族病的那一刻，松下就将自己埋没在悲观之中，那么，或许我们今天就不会看到松下这个品牌了。

生活中有各种各样我们想不到的事情，其实这些事情本身并不可怕，可怕的是我们无法从这件事情所造成的影响中抽身出来，尽早的以最新、最好的状态去投入下面的事情，哪怕我们现在身无分文，我们可以从身无分文起步，一点一滴地打拼，磨砺到了，幸福也就到了。

第八章

# 因为你只有一辈子，所以要活成自己的样子

## 习惯自我淘汰，别让心满意足毁了你

走近一个不了解的环境之中时，我们会习惯性的怀疑自己的能力，陌生会带给我们恐惧。再加上不了解的人对我们的不客观的评价，常常会让我们感受到很多莫名的压力。所以，我们总是在自我否定里畅游，以为自己很糟糕。但是我们可以看到，以前并不被看好的人最终站在成功的舞台上的时候，我们不得不说，是人们看低了他们，是他们自己低估了自己的实力。

由此可见，有时候我们并不了解自己到底有多大实力，当我们还在为自己的糟糕而难过的时候，说不定你已经开始创造奇迹的旅程了。

在《野草只是没被发现用处的植物》一文中曾经写道：

他生于美国一个靠海的小村庄。5岁那年，他们全家搬迁到纽约布鲁克林区，父亲在那儿做木工，承建房座，他在那儿也开始上小学。由于生活穷困，他只读了5年小学，便辍学在印刷厂做学徒了。工作虽然辛苦，却没有阻止他爱上浪漫的诗歌，他像发疯一样，没日没夜地写。

1855年7月4 日，他自费出版了第一本诗集，初版印了1000

册。薄薄的小书只有95页，包括十二首诗和一篇序。绿色的封面，封底上画了几株嫩草、几朵小花。他兴奋地拿了几本样书回家，弟弟乔治只是翻了一下，认为不值得一读，就弃之一旁。他的母亲也是一样，根本没有读过它。一个星期之后，他的父亲因风瘫病去世，也没有看过儿子的作品。

拿出去卖，很可惜，一本都没卖掉。他只好把这些诗集全都送了人，但也没有得到什么好结果。著名诗人朗费罗、赫姆士、罗成尔等人对此不予理睬，大诗人惠蒂埃把他收到的一本干脆投进火里，林肯看后也险些烧掉。

社会上的批评更是铺天盖地，对他大肆辱骂。伦敦《评论》报认为“作者的诗作违背了传统诗歌的艺术。他不懂艺术，正像畜生不懂数学一样”。波士顿《通讯员》则把这本诗集称为“浮夸、自大、庸俗和无种的杂凑”，甚至写他是个“疯子”，“除了给他一顿鞭子，我们想不出更好的办法”。连他的服装、相貌都成为嘲笑的对象，“看他那副模样，就能断定他写不出好诗来”。

铺天盖地的嘲笑和谩骂声，像冰冷的河水，浇灭了他所有的激情。他失望了，开始怀疑自己：我是不是根本就不是写诗的料？就在他几近绝望时，远在马萨诸塞州康科德的一位大诗人被他那创新的写法、不押韵的格式、新颖的思想内容打动了。大诗人随即写了一封信，给这些诗以极高的评价：

“亲爱的先生，对于才华横溢的诗集，我认为它是美国至今所能贡献的最了不起的聪明才智的菁华。我在读它的时候，感到十分愉快。它是奇妙的、有着无法形容的魔力、有可怕的眼睛和水牛的精神，我为您的自由和勇敢的思想而高兴……”

这真诚的夸奖和赞誉，一下子点燃了他心中那将要熄灭的火焰。他从此坚定了自己写诗的信念，一发而不可收。

他成为具有世界声誉和世界意义的伟大诗人，他唯一的诗集也成了美国乃至人类诗歌史上的经典。他就是现代美国诗歌之父——瓦尔特·惠特曼，那部诗集的名字叫《草叶集》。而当年那位写信对他予以赞美和鼓励的诗人，叫爱默生。

爱默生说：“在我的眼里，没有野草，野草只是还没有被发现用处的植物。”所以，当惠特曼沉浸在对自己的失望的痛苦中时，他根本就没有意识到自己正在创造人类的奇迹，而他自己也已经成为了全世界最伟大的诗人之一。

很多时候，我们并不能完全了解自己。所以，在灾难发生时，我们才会有惊人的爆发力；在处于险境时，我们才能挖掘出以前没有意识到的潜能。

我们总是比自己想象中的更伟大，所以不要低估自己，认为自己很糟糕，而应该多给自己一份信心，多给自己准备一个发展的平台。相信在自信的动力驱使之下，我们一定会有更好的成绩，有更多的机会接近成功。

## 人生并非由上帝定局，你也能改写

常常会听到这样的抱怨：我很想做一番事业，可是没有贵人相助；如果我出生在显赫的家庭，我一定不会像现在这样生活了……面对生活的不如意，我们总是抱怨环境，抱怨命运，可是我们忘了，真正决定我们生活的，并不是命运，而是我们自己。

虽然我们无法选择自己的出身、父母和家庭，也就是说无法选择决定我们前半生命运的平台。但是，我们绝对有办法选择自己后半生的路、生活环境或者生活方式。命运不是一成不变的，所以即使我们曾经承受了过多的苦痛，现在也可能正在经受着生活的折磨，但是只要你敢于向命运挑战，敢于寻找命运的突破口，你就一定能改写自己的命运。

在《中国教师报》上曾经登载了这样一篇文章：

他出生马里兰州。因为家境不好的缘故，父母很早就打算让他弃学，但遭到了两个姐姐的强烈反对。在他的记忆中，那次两个姐姐和父亲吵得很厉害，大姐甚至一度提出让自己来资助弟弟读书，这一方案最终没有得到父亲的首肯。

虽然吃得没有什么大鱼大肉，但是他的身体却在猛速增长，这让他感到很烦恼。细心的姐姐发现了这一变化，认为他将是罕见的游泳天才。于是她想方设法地弄了一些游泳方面的杂志给他看，并利用一切闲暇给他灌输相关的知识。在姐姐的影响下，他对游泳变得近乎痴迷起来。

然而，当他把要做一名游泳队员的想法告诉父亲时，却遭到父亲强烈的反对："你这个傻瓜，你知道白痴是怎么出来的吗？就是像你这样想出来的！游泳？你以为人人都是天才，别做梦了!"

然而他并不甘心做一个碌碌无为的人。在姐姐的指导下，他总能轻松学会别的少年所不能掌握的技巧……经过坚持不懈的努力，他终于将自己的理想一一变成了现实。2001年，他打破了200米蝶泳世界纪录，成为最年轻的世界纪录保持者，并赢得了"神童"的美誉。2003年，他接连5次打破世界纪录，当之无愧地被评为年度世界最佳男子游泳运动员。2007年，在墨尔本世锦赛上，他更是独揽七金，被人称为世界泳坛上的"一哥"。

2008年8月10日，在北京奥运会的首次比赛中，他轻松获得男子400米混合泳的冠军，并再次打破这个比赛的世界纪录。

是的，他就是被人称为游泳运动历史上最伟大的全能运动员，美国游泳队男头号明星的"金童"菲尔普斯。2008年，他带着一家人开始了环球旅行，最后一站就是长城。想起童年的往事，他感慨万千。他站在城墙上对父亲说："亲爱的爸爸，还记得小时候你经常嘲笑我不要痴人做梦，但你的儿子很争气，不但成为世界冠军，也实现了当时立下环球旅行的誓言。"父亲紧紧地拥抱着他，热泪盈眶。

2008年，菲尔普斯用传奇的8项新纪录告诉了我们：许多时候，上天安排的厄运并非故事的结局，以你的信念作笔，你完全可以改写！

我们无法抹杀菲尔普斯在北京奥运会上呈现在我们面前的精彩，但是我们同样不能忘记，在之后的残奥会上，那些为了梦想而努力拼搏的身影。对于残奥会的健儿来说，他们没有受到命运的宠爱，上帝在书写他们的人生的时候，为他们安排了厄运。但是他们通过自己的努力，通过超乎常人的付出，呈现在我们面前的，同样是一种震撼人心的精彩。

与他们相比，我们所面临的那一点困难又能算什么呢？生活中，我们遇到的无非就是工作压力、求职压力、生活压力。也许我们对生活有美好的构想，但是现实总是粉碎了我们的愿望。这个时候，与其选择悲观失望，莫不如鼓起勇气，向生活挑战，向命运挑战。当我们展露出勇往直前的姿态的时候，那些曾经阻隔我们向美好生活迈进的困难与挫折，就会在我们面前丢盔卸甲，变得不堪一击。

## 依赖别人，不如期待自己

在我们的生活中，随着孩子的越来越少，爷爷奶奶、爸爸妈妈、姥姥姥爷……一大家子人把一个孩子当成宝贝一样宠着，很容易就形成了孩子的依赖性。于是，在我们身边，很多人都存在极强的依赖心理，习惯依靠“拐杖”走路，在别人的关照之下生活。

这些人经常持有的一个最大谬见，就是以为他们永远会从别人不断的帮助中获益，而且他们相信，不管遇到什么事情，总会有人出来帮助他们，即使是雨天，也一定会有那么一个人会出来替他们打伞遮雨。但并不是所有的事情都是别人能替我们完成的：坐在健身房里让别人替我们练习，是无法增强自己肌肉的力量的。

没有什么比依靠他人更能破坏独立自主的精神了。如果你依靠他人，你将永远坚强不起来，也不会有独创力。生活中最大的危险，就是依赖他人来保障自己。“让你依赖，让你靠”，就如同伊甸园的蛇，总在引诱你。它会对你说：“不用了，你根本不需要。看看，这么多的金钱，这么多好玩、好吃的东西，你享受都来不及呢……”这些话，足以抹杀一个人意欲前进的雄心和勇气，阻止一个人利用自身的资本去换取成功的快乐，让你日复一日原地踏步，止水一般停滞不前，以至于你到了垂暮之年，终日为一生碌碌无为悔恨不已。而且，这种错误的心理，还会剥夺一个人本身具有的独立的权利，使其依赖成性，靠拐杖而不想自己一个人走。有依赖，就不会想独立，其结果是给自己的未来挖下失败的陷阱。

雨果曾经写道："我宁愿靠自己的力量打开我的前途，也不愿乞求有力者的垂青。"一个人只要活着，他的前途就永远取决于自己，成功与失败，都只系于他自己身上。依赖是对生命的一种束缚，是一种寄生状态。英国历史学家弗劳德说："一棵树如果要结出果实，必须先在土壤里扎下根。同样，一个人首先需要学会依靠自己、尊重自己，不接受他人的施舍，不等待命运的馈赠。只有在这样的基础上，才可能做出成就。"将希望寄托于他人的帮助，便会形成惰性，失去独立思考和行动的能力。将希望寄托于某种强大的外力上，意志力就会被无情地吞噬掉。

但是在我们的生活中，还有很多人靠在别人的肩膀上，享受着对别人的依赖：很多刚毕业或者即将毕业的大学生，不想自己去找工作，却想依赖父母的关系，想花一点钱走个后门直接进某某单位。可是，我们想过没有，父母能把我们送去一个工作岗位，却不能替我们完成所有的工作。那些工作上的苦痛，还是需要我们自己去承受的。

人生的风风雨雨，只有靠自己去体会、去感受，任何人都不能为你提供永远的荫庇。你应该掌握前进的方向，把握住目标，让目标似灯塔般在高远处闪光。你应该独立思考，有自己的主见，懂得自己解决问题。你不应相信有什么救世主，不该信奉什么神仙或皇帝，你的品格、你的作为，你所有的一切都是你自己行为的产物，并不能依靠其他什么东西来改变。你就是主宰一切的神灵，一个人，即使驾着的是一匹羸弱的老马，但只要马缰握在你的手中，你就不会陷入人生的泥潭。人只有依靠自己，才能经得起风雨。

## 被逼到极限，爆发的潜能无限

许多人视对手为心腹大患，视异己为眼中钉、肉中刺，恨不得除之而后快。其实，能有一个强劲的对手，反而是一种福分、一种造化，因为一个强劲的对手会让你时刻都有危机感，会激发你更加旺盛的精神和斗志。

加拿大有一位享有盛名的长跑教练，由于在很短的时间内培养出好几名长跑冠军，所以很多人都向他探询训练秘密。谁也没有想到，他成功的秘密仅在于一个神奇的陪练，而这个陪练不是一个人，是几匹凶猛的狼。

这位教练一直要求队员们从家里出发时一定不要借助任何交

通工具，必须自己一路跑来，以此作为每天训练的第一课。有一个队员每天都是最后一个到，而他的家并不是最远的。教练甚至想告诉他改行去干别的，不要在这里浪费时间了。

但是突然有一天，这个队员竟然比其他人早到了20分钟，教练惊奇地发现，这个队员今天的速度几乎可以打破世界纪录。

原来，在离家不久，他在野地里遇到了一只野狼。那匹野狼在后面拼命地追他，他在前面拼命地跑，最后，那只野狼竟被他甩掉了。

教练明白了，今天这个队员超常发挥是因为一匹野狼，他有了一个可怕的敌人，这个敌人令他把自己所有的潜能都发挥了出来。

从此，教练聘请了一个驯兽师，并找来几匹狼，每当训练的时候，便把狼放开。没过多长时间，队员的成绩都有了大幅度的提高。

日本的游泳运动一直处于世界领先地位，有人说，他们的训练方法也有着很神奇的秘密：日本人在游泳馆里养着很多鳄鱼。

队员每次跳下水之后，教练都会把几只鳄鱼放到游泳池里。几天没有吃东西的鳄鱼见到活生生的人，立即兽性大发，拼命追赶运动员。运动员尽管知道鳄鱼的大嘴已经被紧紧地缠住了，但看到鳄鱼的凶相时，还是会拼命往前游。

无论是加拿大人还是日本人，他们无疑都掌握了这样一个道理，敌人的力量会让一个人发挥出巨大的潜能，创造出惊人的成绩，尤其是当敌人强大到足以威胁你的生命时。敌人就在你的身后，一刻不努力，生命就会有万分的惊险和危难。

就像谁都知道机器设备都会按一定年限折旧，可很少有人想到自己赖以生存的知识、能力，也会随着岁月的流逝而不断折旧。

我们很多人在本科毕业、硕士毕业、博士毕业以后就以为自己的知识储备已经完成，足够去应付新时代的风风雨雨，但是我们往往发现：在现实社会中，只有那些不断更新自己知识，不断改进自身知识结构的人，才能真正在市场上站住脚。

人与机器的区别就在于人有自我更新的能力。如果你不能睁大双眼，以积极的心态去关注、学习新的知识与技能，那么你很快就会发现，你的价值被打了八折、七折、六折甚至一文不值。这一切也许在你茫然不觉的时刻突然来临，因为不可能有一位会计时刻为你做“折旧”财务报表以提醒你，只有靠你自己主动给自己“折旧”，时刻提醒自己。在这个知识与科技发展一日千里的时代，必须不断地学习，不断地充实自己，不断地追求成长，才能使自己在职场上始终立于不败之地。

成功的人有千万，但成功的道路却只有一条——学习，勤奋地学习。如果一个人停止了学习，那么很快就会“没电”，就会被社会所抛弃。养成不忘学习的习惯，你离成功就不远了。

在日新月异的时代，你必须时时刻刻具有危机意识，在压力中寻找动力，天天学习，经常充电，这样才不至于落伍．同时也会充实自己，为自己奠定雄厚的基础，以保证自己在激烈的竞争环境中生存下去。

## 就算上帝开错了窗，也别停止打开一扇门的勇气

人生不会一帆风顺，常常“行至水穷处”。所以，能够一直向前走，是智慧。若看到前方是绝路，主动转身给自己找到更好的出路，便是大智慧。2009年春节联欢晚会上，青年魔术师刘谦显得引人注目，但是同样以魔术著称的大卫·科波菲尔，却如同一条反方向游的鱼，在成功的路上走出了一条属于他自己的路。

某杂志里有过这样一篇文章，其中写道：

从小他是个腼腆内向的孩子，和他一样大的孩子都不喜欢和他在一起，因为他什么也不会。每次考试，他都是倒数几名。老师不想让他回答问题，因为他总是羞涩地说不知道。大家认为他是笨蛋，是个白痴。伙伴们嘲笑他，说他永远和失败在一起，是失败的难兄难弟。邻居们说，这个孩子将来注定一事无成。父母听到这样的话，暗暗为他担心。

他努力过，可是收效甚微，自己在学业方面取得的进步近乎为零。但是，他还是在不断加班加点苦读。每天，他醒来后都害怕上学，害怕被嘲笑。周末，他坐在自家的门前，看着草地上喜

笑颜开的男孩们，感到自己的未来一片渺茫。

时间在一天天地流逝，学校也在考虑劝其退学。

一次，他看到一个老人为了一张被老鼠咬坏的一美元钞票而痛哭不已。为了不让老人伤心，他悄悄回家将自己平时积攒的硬币换成一张一美元的钞票，交给了老人，说，这是他用魔法变回来的。老人激动不已，说他是个善良聪明的孩子。

父亲知道这件事后，认为自己的孩子还不是个笨到家的人。接下来的这天，是他永远不会忘记的。

父亲要带他出门，目的地是波士顿。他说，我们分头走，你先走，我们半个小时后会合。他听后，向前走去。途中几次回头却始终没有看到父亲的身影。可是等他到达目的地的时候，父亲已经先在那里了。他十分惊讶父亲是如何到达的。

父亲说："我是从反方向来的。"

父亲又说："只要我们能到达目的地，管它用什么方式呢！孩子，就像你学业不成功，并不代表你在其他方面都不能成功。换一个方向，向相反的路走，也许会成功的！"此时，他猛然醒悟。

随后，他看到很多人为了自己的理想不能实现而痛苦不已，就想假如自己用魔法帮助他们实现，即使是假的，但起码从精神上减轻了他们的痛苦。

从此，他对魔术表现出浓厚的兴趣，并跟随一些魔术师学习魔术。

他克服心中的怯懦，为自己的梦想开始奋斗。他为了实现自己的梦想而进行的努力受到了父母的鼓励。教他魔术的老师发现他在这方面具有很高的悟性，学东西很快，而且每次在原有的基础上都能创新。很快老师的技巧便被他学光了，他不得不换老师。就这样，短短的两年时间里，他换了四个魔术老师。

他就是大名鼎鼎的魔术师大卫·科波菲尔，一个匪夷所思的成功人士。

有人问他是怎么成功的，大卫·科波菲尔说："父亲告诉我，相反的方向也能成功。当人们都在向前的道路上拥挤时，我选择了悄悄撤退。"

人生很漫长，前方没有出路的时候，我们可以选择转身，因为在后方，我们同样可以续写更多更好更完美的篇章。但是，说起来容易，做起来却是很困难的。因为在生活中，人们一旦形成了某种认知，就会习惯性地顺着这种定式思维去思考问题，习惯性地按老办法想当然地处理问题，不愿也不会转个方向解决问题，这是很多人都有的一种愚顽的"难治之症"。这种人的共同特点是习惯于守旧、迷信盲从，所思所行都是唯上、唯书、唯经验，不敢越雷池一步。而要使问题真正得以解决，往往要废除这种认知，将大脑"反转"过来。

当今社会，大多数企业都喊出了"换个方向就是第一""做一条反方向游的鱼"的口号，因为人们已经发现了，随着社会竞争越来越激烈，单靠传统的思想与做法是不可能有多少成功的胜算的。所以，调转方向，开辟一条全新的道路，不失为一种求发展的良策。所以，当人们开始为了找不到工作而发愁的时候，完全可以尝试着自己创业。

不要以为机会总在前方等我们，有时候，恰恰是我们最固执的时候，它跑到了我们的身后，轻轻地拍了拍我们的肩膀。

## 挑战极限，和“不可能”过招

这世上没有绝对的“不可能”，只要敢于拼搏，一切皆有可能。

说到“不可能”这个词，我们来看一看著名成功学大师卡耐基年轻时用的一个奇特的方法。

年轻的时候，卡耐基想成为一名作家。要达到这个目的，他知道自己必须精于遣词造句，字典将是他的工具。但由于他小的时候家里很穷，接受的教育并不完整，因此“善意的朋友”就告诉他，说他的雄心是“不可能”实现的。

年轻的卡耐基存钱买了一本最好的、最完全的、最漂亮的字典，他所需要的字都在这本字典里，而他对自己的要求是要完全了解和掌握这些字。他做了一件奇特的事，他找到“impossible”(不可能)这个词，用小剪刀把它剪下来，然后丢掉，于是他有了一本没有“不可能”的字典。以后，他把整个事业建立在这个前提上。对一个要成长，而且要超过别人的人来说，没有任何事情是不可能的。

当然，讲这个例子并不是建议你从你的字典中把“不可能”这个词剪掉，而是建议你要从你的脑海中把这个观念铲除掉。谈话中不提它，想法中排除它，态度中去掉它、抛弃它，不再为它提供理由，不再为它寻找借口。把这个字和这个观念永远抛开，而用“可能”来代替它。

翻一翻你的人生字典，里面还有“不可能”吗？可能很多时候，当我们鼓起雄心壮志准备大干一场时，有人会好心地告诉我们：“算了吧，你想的未免也太天真、太不可思议了，那是不可能的事情。”接着我们也开始怀疑自己：我的想法是不是太不符合实际了？那是根本不可能达到的目标。

假如回到500年前，如果有人对你说，你坐上一个银灰色的东西就可以飞上天；你拿出一个“小盒子”就能够跟远在千里之外的朋友说话；打开一个“方盒子”就能看到世界各地发生的事情……你也同样会告诉他“不可能”。但是今天，飞机、手机、电视甚至宇宙飞船都已经变成现实了。正如那句老话所说的，“没有做不到，只有想不到”，奇迹在任何时候都可能发生。

纵观历史上成就伟业的人，往往并非是那些幸运之神的宠儿，而是那些将“不可能”和“我做不到”这样的字眼从他们的字典以及脑海中连根拔去的人。富尔顿仅有一个简单的桨轮，但他发明了蒸汽轮船；在一家药店的阁楼上，法拉第只有一堆破烂的瓶瓶罐罐，但他发现了电磁感应现象；在美国南方的一个地下室中，惠特尼只有几件工具，但他发明了锯齿轧花机;伊莱亚斯·豪只有简陋的针与梭，但他发明了缝纫机;贫穷的贝尔教授用最简单的仪器进行实验，但他发明了电话。

美国著名钢铁大王安德鲁·卡内基在描述他心目中的优秀员工时说："我们所急需的人才，不是那些有着多么高贵的血统或者多么高学历的人，而是那些有着钢铁般的坚定意志，勇于向工作中的'不可能'挑战的人。"

人生如打牌，有些人总是还没有开始打，就因为别人说或自己认为"不可能"赢就放弃了，他连在牌局上展示的机会都没有。要知道，只要你敢于挑战，坚定信心，你就能超越极限，将不可能变为可能。

## 只有经过生命的锤炼才有味道

人生难免会有失意的时候，事业上的，情感上的，家庭上的，等等。面对失意，强者以一颗自强不息的心不断进取；弱者就是面对一张薄纸，也不愿伸手去戳破，去达到自己的目的。一个人拿到一手坏牌时，一定要保持自立自强的姿态，奋力前行。

一位作家在他的一部作品中描绘了一只新生的长颈鹿如何学习它的第一课。

把一只长颈鹿带到世上来是一个艰难的过程。小长颈鹿从母亲的子宫里掉出来，落到大约距离3米高的地面上，通常后背着地。几秒钟内，它翻过身来，把四肢蜷在身体下，并甩掉眼睛和耳朵里残存的一点羊水。依靠这个姿势，它第一次得以审视这个世界。然后，长颈鹿妈妈便用粗暴的方式把它的孩子带到现实生活中。

长颈鹿妈妈尽力低下头，以看清小长颈鹿的位置，确保自己在小长颈鹿的正上方，等待了大约一分钟，然后做出最不合常理的事——抬起长长的腿，踢向小长颈鹿，让它翻了一个跟头后，四肢摊开。

如果小长颈鹿不能站起身，这个粗暴的动作就会被长颈鹿妈妈不断地重复。为了能够站起来，小长颈鹿拼命努力。因为疲倦，小长颈鹿有时会停止努力。长颈鹿妈妈看到，就会再次踢向它，迫使它继续努力。最后，小长颈鹿终于第一次用它颤动的双腿站了起来。

这时，长颈鹿妈妈会做出更不合常理的举动：再次把小长颈鹿踢倒。为什么？长颈鹿妈妈想让它记住自己是怎么站起来的。在荒野中，小长颈鹿必须能够以最快的速度站起来，以免使自己与鹿群脱离，只有在鹿群里它才是安全的。狮子、狼等野兽都喜欢猎食小长颈鹿，如果长颈鹿妈妈不教会它的孩子尽快站起来，与大部队保持一致，那么它很快就会成为这些野兽的猎物。

长颈鹿妈妈的行为看上去十分粗暴、不近情理，但那是为了让孩子更快、更好地适应自然界恶劣的生存环境。物竞天择，只有强者才能在竞争激烈的自然界中生存下去。

人生的路是漫长的，任何人都不可能永远陪在你身边和你一起面对外面的风雨。在失意的时候，一个人千万不要失去斗志，只要自强不息，再坏的境遇也难不倒你。

面对挫折，只有自强者才能战胜困难、超越自我。如果一味地想等待别人来帮忙，只能落得失败的下场。凭着自己的努力可以解决任何问题，永远可以依赖的人只有自己！

## 成功没有霸王条款，勇于挑战就能跨越起点

生活是由一连串的问题组成的。一个善于向困难挑战的人，尤其是善于向那些最难、挡住大部分人的问题挑战的人，他会跨过一个个问题，最终赢得胜利。可以说，在成功的道路上没有霸王条款，只要你勇于去挑战成功，你就能跨越起点，逼近成功。

美国五大湖区的运输大王考尔比刚参加工作时非常贫穷，他最初从纽约一步一步走到克利夫兰，后来在湖滨南密歇根铁路公司总经理那里谋了一个书记的职务。

但是他工作了一段时间后，就觉得这个职位的视野过于狭小——除了忠实地、机械地干活以外，没有任何发展前途可言，这已不能满足其远大的志向了。他也意识到，梯子底部不一定就安稳，上面随时都可能掉下东西砸到自己，这样还不如爬到梯子的上部，并一心朝上爬。

于是，他辞掉了这份工作，在海·约翰大使的手下谋得了一个职位。大使后来成为国务卿、美国驻英国大使，而在此之前，考尔比就已经明白，与前者在一起不会有发展，与后者共事则会有很大的成就。

工作应从什么样的高度开始？不少刚开始找工作的毕业生会认为从哪里开始都一样，先落了脚再说，并雄心勃勃地表示不会待多久。但遗憾的是，他们中的大多数进到那个层次后便很难再出来了。对于这个问题，著名的成功学家拿破仑·希尔有过很经典的论述，他说："这种从基层干起，慢慢往上爬的观念，表面上看来也许十分正确，但问题是，很多从基层干起的人，从来不曾设法抬起头，以便让机会之神看到他们。所以，他们只好永远留在底层。我们必须记住，从底层看到的景象并不是很光明或令人鼓舞的，有时反而会增加一个人的惰性。"

因此，一级也好，两级也好，总之，在职位上努力向上攀登十分重要，对一个人的长远发展来说也是一件意义深远的事情。

因此，成功人士建议，如果有可能的话，尽量从基层的上一步或上两步开始，这样你就会免受最底层的单调生活的折磨，避免形成狭隘的思想和悲观的论调，尤其是可以避开低层次的斗争。事实也确实如此，在一个较低的层次上，由于资源和机会有限，人员素质参差不齐，斗争与内耗往往十分激烈而且赤裸裸的。许多人在到达上一层之前，也许已经元气大伤、锐气全无了，因为他们把太多的热血流在了污泥里。

有一位30多岁在北大读MBA的人说，他这岁数还来读MBA，只是为了越过一些层级。他原来的单位是个很保守的地方，论资排辈，他工作了几年仍然是个小跟班，参与不了任何重要的事情，也得不到真正的锻炼，而自己比较适合的中高级管理人员的位置又是那样遥不可及。他的许多同龄人都逐渐变得懈怠和颓废起来，但他选择了离去，选择了越过一些也许是永远都难以“胜任”的层级，直奔“主题”。虽然MBA的课程读起来很辛苦，但他乐在其中，因为他知道山的后面是什么。

后来，他做了一家大公司的高级主管，年薪超过50万，而他原来的年薪不足2万。

更重要的是，他坐在了最适合他的位子上，自己舒服，别人也舒服。

很多时候，是我们不敢向自我挑战，总觉得那些事情那么难，自己怎么可能实现呢？于是失掉了一次次的机会。而那些成功的人、成功的企业，并不是因为他们本身就有三头六臂，而是他们有挑战自我的勇气，相信自己，并不断努力，在超越一个个目标后，他们会选择更高的目标来征服。为什么有着同样的经历、同样的出身，但是有些人会成为成功人士，而有些人仍然在底层挣扎？就是因为失败的人没有这份挑战困难、挑战生活、挑战自我的勇气。

在生活的洪流中，人应当有逆流而上的勇气，不断努力，再苦再难也要坚持，只要熬过了，什么样的困难都难不住你。成功没有霸王条款，只要学会挑战自我，你就会跨越起点。